TRAITÉ
SINGULIER
DE
MÉTALLIQUE.

— Gaspard Gautier

TRAITÉ SINGULIER

DE

MÉTALLIQUE,

CONTENANT

DIVERS SECRETS TOUCHANT la connoissance de toutes sortes de Métaux & Minéraux, la maniere de les tirer des Mines, de les essayer & de les purifier ;

AVEC D'AUTRES SECRETS ET Tours de mains rares , tant pour les Orfévres , Jouailliers, Affineurs, Fondeurs, Chaudronniers, Potiers d'Etaing, Coûteliers, Plombiers, Forgerons, Serruriers, que pour tous ceux qui travaillent sur les Métaux, & principalement pour ceux qui ont des Mines à cultiver & faire valoir, leur enseignant la maniére de les mettre à profit , & d'en abréger le travail & les dépenses ;

ET PLUSIEURS AUTRES SECRETS concernant les Métaux, comme les départir étant mêlés tous ensemble, sans Eau de départ, &c.

Traduit de l'Original Espagnol DE PEREZ DE VARGAS, *imprimé à Madrid en* 1568. in-12. *Par* G. G.

TOME PREMIER.

A PARIS,

Chez PRAULT pere, Quay de Gèvres, au Paradis.

M. D. CC. XLIII.

Avec Approbation & Privilége du Roy.

PROLOGUE
AU LECTEUR,

AMATEUR DES SCIENCES.

CHER Lecteur, cu-
rieux des Sciences ,
j'ai écrit dans ce préfent
Traité tout ce qui m'a paru
digne d'être donné au Pu-
blic fur cette matiere.

Ce Traité doit être reçu
comme un don précieux,
car les Secrets qu'il contient font recueillis & ex-
traits des Manufcrits des
plus fçavans Auteurs , &
de la converfation de plu-

fieurs fameux Artiftes en ce genre, dont la plûpart ont été éprouvés & expérimentés par moi-même ; de forte que fans crainte, tu peux, cher Lecteur, entrer dans cette Forêt, dont toutes les Fleurs & les Plantes font odoriférentes, agréables & utiles.

Si je donne mes Secrets au Public, c'eft pour deux raifons ; la premiere, parce que Dieu ordonne d'aimer fon prochain ; & la feconde, c'eft pour punir la tyrannie des Maîtres Artiftes, qui malicieufement cachent leurs Secrets à leurs

Apprentifs, au grand dom-
mage & tort irréparable de
la République, n'ayant en
vûë que leurs propres intérêts, tant pour s'approprier
tout le profit, que pour être
mieux & plus long - tems
fervis par ces jeunes gens,
en ne leur enfeignant que
des bagatelles & la moindre
partie de ce qu'ils fçavent
& qu'ils fe font obligés de
leur montrer; de façon que
lorfqu'ils ont fini leur ap-
prentiffage , pour paffer
Maître à leur tour, étant in-
terrogés & examinés fur
leur Art, on s'apperçoit ai-
fément qu'ils commencent

d'être Apprentifs, & qu'ils font de francs Ravaudeurs & de vrais ignorans.

Dans ce Traité, non-seulement les Apprentifs trouveront les moyens sûrs & indubitables pour se rendre Maîtres & se perfectionner dans leur Art, mais encore les Maîtres y puiseront des Secrets qu'ils n'ont jamais sçu ; & même les Amateurs & Curieux des Arts & Métiers y trouveront de quoi satisfaire leur curiosité, & des amusemens utiles, licites & honnêtes. Adieu.

AVIS
DU LIBRAIRE.

L'Auteur de ce Traité, dans un Livre imprimé en Langue Castillane, au Chapitre V. du Livre VI. promet de donner un Traité particulier des Fourneaux, de tous les vaisseaux, instrumens & machines, & de tout ce qui est nécessaire pour la fonte des Métaux & le travail des Mines ; mais la mort l'ayant prévenu, il n'a point été mis au jour ; & comme tous ces Fours, Fourneaux, Ustenciles & Machines se trouvent parfaitement représentés par des Planches en Taille-Douce dans le Livre que j'ai imprimé en 1730. intitulé : *Traité de l'Art Métallique*, les personnes qui en auront besoin, pourront y avoir recours, ils y trouveront tout ce que l'Auteur avoit promis. Il se vend 3 livres relié.

TABLE

ALPHABETIQUE

DES MATIERES,

ET SECRETS

DE CE PREMIER VOLUME.

A

D

G

H

N

O

R

RAYMOND LULLE. Son sentiment touchant la matiere des Métaux, page 14

Réalgal. De sa nature & qualité, comment & où il est engendré, 151

Rubis. Sa qualité ; lorsqu'il est fort gros on l'appelle Escarboucle, 169

S

SABLES DE RIVIERE. L'Or s'engendre & se trouve parmi les Sables de plusieurs Rivieres, 103

Salpêtre. Sa préparation, 227

Sandarac. L'Or s'engendre & se trouve parmi le Sandarac, 104

Saphir. Sa qualité & ses especes, 170

Sel. Sa nature, qualité & ses especes, 154

Sel alkali, nommé autrement Sel de verre, ou Alun catin, sa composition, 156

Sel artificiel. Sa composition en plusieurs & diverses manieres, 228

Sel fondu. Sa composition, 129

Sentimens divers des Anciens touchant la matiere des Métaux, 14

Sole, signifie le plan ou pavé des fourneaux,

Sophistes. Leur tromperie sur l'Argent & l'Or qu'ils font, qui n'a que l'apparence, 48

Soudures. Agens pour les faire couler, 72

Soulfre. Sa qualité, 132

Sa nature, qualité, & lieu où il est engendré, 48

Z

Fin de la Table des Matieres de ce premier Volume.

TABLE
DES LIVRES
ET DES CHAPITRES

DE CE TRAITÉ DES MÉTAUX

Contenus en ce premier Volume.

LIVRE II.

De ce Traité, où eſt parlé & décidé des choſes accidentelles des Métaux, & où on rapporte & découvre les cauſes de leur congélation, fuſion, maléabilité & douceur; de leur couleur, ſaveur & odeur, & pourquoi les uns ſont plus inflammables que les autres. Ce qui étant bien entendu, nous ſervira de guide ſûr pour faire la découverte de pluſieurs Secrets. *Page 65*

LIVRE III.

DE LA MÉTALLIQUE.

Où est traité de la nature particuliere
des Métaux, & en premier lieu de
la Mine d'Or & de sa qualité & vertus.   *Page* 94

LIVRE IV.

Où est traité des demi-Minéraux, de leur nature & propriété, & du lieu où ils sont engendrés. *Page* 334

LIVRE V.

Où eſt traité de pluſieurs choſes particulieres qu'il faut ſçavoir auparavant que d'entreprendre le travail des Métaux, & la cave des Mines. *Page* 172

LIVRE VI.

Où est traité la maniere qu'on doit préparer les Métaux pour la fonte, où est enseigné la méthode de les calciner & les broyer, laver, sécher, & autres tours de mains particuliers & nécessaires.   **Page 261**

Fin de la Table des Chapitres
de ce premier Volume.

LIVRES NOUVEAUX.

TRAITE' de l'Art Métallique extrait des Œuvres d'Alvare - Alphonse Barba, célébre Artiste dans les Mines du Potozi, auquel est joint un Mémoire concernant les Mines de France ; avec un Tarif qui démontre les opérations qu'il faudroit faire pour tirer de ces Mines l'Or & l'Argent qu'en tiroient les Romains lorsqu'ils étoient Maîtres des Gaules ; Ouvrage enrichi de figures en Taille - Douce, qui représentent les différens Fourneaux & autres Ustenciles néceffaires au tirage, pilage, lavage, calcinage & perfection des Métaux tirés desdites Mines ; auquel Ouvrage ce présent Traité de Métallique de Vargas renvoye. Il est imprimé en 1730. & fe vend   3 livres.

Edits, Ordonnances, Arrêts & Réglemens sur le fait des Mines & Minieres de France ; avec les Déclarations du Droit de Dixiéme dû au Roi , fur l'Or , Argent, Cuivre , Acier , Fer , Plomb, Azur d'Acre , Azur commun , verdet ou naturel, Antimoine, Ocre, Orpiment, Soulfre, Calamite , Boliarmeni , Sel armoniac , Vitriol, Alun, Gotran, Gommes terreftres, Petroille , Charbon terreftre, Hardoifes, Houille, Salgemme, Jayet, Jafpe, Ambre, Agathe , Criftal, Calcidoine, Talc, Marbre, Pierres fines & communes,

& toutes autres substances terrestres, ensemble la Création des Officiers sur lesdites Mines, Priviléges Franchises & Libertés, concedés aux Entrepreneurs & Ouvriers d'icelles, le tout vérifié & homologué par les Cours de Parlement, Chambres des Comptes, Cour des Aydes, & ailleurs où besoin a été, & augmenté jusqu'en 1731. *in-*12.   6 liv.

Secrets utiles & prouvés dans la Pratique de la Médecine & de la Chirurgie, pour conserver la santé & prolonger la vie; avec un Appendix sur les Maladies des Chevaux, *in-*12. 1742.   2 liv. 5 f.

Nouveau Traité du Sublime, Ouvrage utile aux personnes qui veulent atteindre à la perfection de l'Éloquence & au vrai mérite, *in-*12. 1741.   2 liv. 10 f.

Prophéties perpétuelles très-curieuses & très-certaines de Thomas-Joseph Moult, natif de Naples, Astronome & Philosophe, traduites de l'Italien en François, qui auront cours pour l'an 1229. & qui dureront jusqu'à la fin des siécles, *in-*12. 1742.   1 liv. 4 f. broch.

Retraite d'un Pénitent pendant les jours de la Semaine-Sainte, Par un Philosophe Chrétien, 2 vol. *in-*18. 1742.   2 liv.

Le meilleur Livre ou les meilleures Etrennes que l'on puisse donner ou recevoir. *Prenez, lisez & pratiquez*, nouvelle édition augmentée à l'usage des Paroissiens, *in-*24. 1742.   1 liv. 4 f.

TRAITÉ

TRAITÉ SINGULIER
DE
METALLIQUE.

❖❖❖❖❖❖❖❖❖❖❖❖❖❖❖❖❖❖❖❖❖

LIVRE PREMIER.

DE LA METALLIQUE

où est traité de la forme, & de la Matiére des Métaux d'une maniére Philosophique.

CHAPITRE PREMIER.

De la Matiére de tous les Métaux, qui y est expliquée & déclarée très-précisément.

IL est très-notoire, suivant que nous l'enseigne & nous le démontre la Phi-losophie, que la matiére propre

                    A

& commune de tous les Métaux,
& des choses qui se fondent aisément, est l'eau & l'humidité ;
d'où provient qu'ils se liquéfient,
l'humide se séparant du corps,
avec lequel la nature l'avoit incorporé. Outre cela, toutes les
choses que la force du froid con-
gele & coagule, ont été en leur
première matiére, eau, laquelle
qualité se trouve dans tous les
Métaux. C'est par cette raison
que le Philosophe conclut au
cinquiéme Livre de sa Métaphy-
sique, que la matiére de toutes
choses aisées à fondre & à se liquéfier, est eau. Il paroît hors de
raison & du bon sens de dire que
l'eau & l'humidité soient la propre matiére des Métaux, puisque suivant la Doctrine des Mé-
theores, l'humidité s'évaporant
seulement, se sépare du corps
où elle est mêlée & incorporée,

comme nous voyons par expérience dans les operations chymiques, où toute chose distille eau, ou avec feu véhément, ou avec feu temperé, & le sec de la chose qui cuit, restant au fond de l'alambic, l'humide s'évapore & tombe en eau distillée.

Nous voyons tout le contraire dans les Métaux, qui quoiqu'on les fasse cuire & bouillir beaucoup sur de grands feux, jamais ils ne perdent leur humidité qui leur est inséparable, ce qui nous fait évidemment connoître que l'humidité incorporée avec les Métaux, n'est point une simple humidité qui a été alterée par l'action & vertu des élemens, & en souffrant elle a changé d'espéce & de qualité; ce que considerant les Philosophes ont conclu, qu'il y avoit deux diférentes espéces d'humidité, une féparée, fubtile & ftérile, & une autre onctueufe, groffiére & vifqueufe, qui dificilement par fa groffiéreté fe fépare & disjoint de fon compofé, & telle eft l'humidité de tous les Métaux. La providence de la Nature confirme cette raifon, car elle a produit dans tout animal vivant une humidité qui fût capable de foûtenir la chaleur naturelle, la fource & le fondement de la vie; de maniére que ladite chaleur ne fût point éteinte d'abord, ni l'humidité fe confumant trop-tôt, ce qui ne fe pouvoit faire autrement qu'en donnant à l'humidité une qualité vifqueufe & groffiére, & de dificile féparation : l'humidité que nous avons dit être propre aux Métaux, eft femblable à celle-ci ; on pourroit répondre à cela, que l'humidité de l'huile, du beurre &

de la graiſſe eſt viſqueuſe , & qu'elle s'enflamme facilement , s'allume & brûle , ſans que le feu puiſſe être ſéparé par elle , & brûle juſqu'à ce qu'il l'ait entiérement conſumée comme nous voyons dans les lampes, & dans ceux qui ſont étiques. Cela n'eſt pas de même dans les Métaux , car nous voyons que le feu n'y peut jamais prendre , d'où il paroît que ſon humidité ne doit point être viſqueuſe, & telle que nous l'avons dit.

Répond à cela Albert le Grand dans le quatriéme Livre de ſes Methéores , que cette humidité onctueuſe ſe diviſe en deux autres eſpéces & maniéres , parce qu'il y a une certaine humidité viſqueuſe , déliée , ſubtile, qui n'a en elle-même aucun mélange de lie où púiſſe prendre le feu, & celle-ci pénétre toujours

les fubftances des chofes , &
s'incorpore intérieurement, de
forte qu'aucun feu , quelque véhément qu'il foit, n'y peut prendre par fa fubtilité extrême , &
telle eft l'humidité de tous les
Métaux.

Il y a une autre efpéce d'humidité vifqueufe, groffiére de fa
nature & bourbeufe, pleine de
feux & de lies, qui par fa groffiéreté ne peut pénétrer les fubftances des chofes , ni s'incorporer avec elles, la force du feu
la brûle plutôt & l'enflamme,
& l'Alchymifte, par fon induftrie
& diligence, la fépare & disjoint,
comme nous voyons qu'il fe fait
en l'operation de l'élixir , qui
pour la préparation du foufre
avec diverfes lotions de fels &
autres agens, confument dans
le foufre l'humidité groffiére &
fuperficielle , le rendant en tel

état, qu'aucun feu quelque force qu'il ait, ne peut ni le brûler ni l'allumer, mais il y reste une humidité subtile, laquelle étant jointe avec les Métaux, les conserve sans les offenser ni les endommager.

On remarque cela encore plus évidamment dans l'eau-de-vie, qui facilement s'allume & brûle son humidité qui est visqueuse, superficielle, & l'humidité qu'elle a demeure impénétrable, subtile & incorporée avec sa substance ; de même les Métaux conservent leur humidité par leur subtilité & pureté, & par leur radicale & substantielle incorporation, qui la défend & preserve du feu, & c'est la cause pour laquelle les Métaux se peuvent fondre & être travaillés sous le marteau, selon le témoignage d'Avicenne & d'Hermés.

Les Métaux & leur matiére
ont une autre qualité étrange ,
qu'étant fondus ne laiſſent aucune trace de leur humidité dans
le corps où ils touchent , ni
s'embraſſent avec aucune ſuperficie , ne s'étendent & s'épan-
dent tout à fait , comme l'expérience nous fait voir qu'il arrive
à toutes choſes onctueuſes humides ſoit eau , ou vin , huile ,
ſuif & beurre , toutes leſquelles
choſes répandues ou verſées ſur
une pierre , terre ou planche ,
qui ayent la ſuperficie plate &
unie , toujours s'étendent & humectent ; les Métaux ne font aucun de ſes effets étant répandus,
parce qu'ils ne s'attachent ni ne
s'étendent aucunement , & ne
laiſſent aucune tache d'humidité , & ainſi il eſt néceſſaire que
cette humidité viſqueuſe & ſubtile ſoit mêlée avec le terreſtre

ſubtil, & qu'elle ſoit fortement incorporée afin qu'il en puiſſe réſulter une matiére convenable du métal, l'expérience confirme cela, car nous voyons que tous les Métaux étant fondus & répandus, ſe conſervent de telle maniére que le ſec terreſtre qu'ils ont ſe joint avec l'humide & l'embraſſe, le contient & le joint à lui, converti en forme de pelote par ſa vertu ſecrete & centrale ; & dans le feu au contraire l'humidité environne & défend le terreſtre & ſec de telle maniére que la flamme ne peut l'endommager & l'empêche d'être brûlé, & ainſi il arrive que les Métaux étant d'une matiére dont l'humide & ſec ne ſont pas parfaitement incorporés, comme le fer, le cuivre & le plomb, ſe ſéparant quelque parties du terreſtre de la compagnie de ſon

humide, & pour ne pouvoir pas
le défendre entiérement, le feu
brûle quelque partie terreſtre, la
gâte & la réduit en écaille, que
les Artiſtes apellent fleur, ou
craſſe, de ſorte que ce qui doit
faire la concluſion de ce Traité
dans le preſent Chapitre pour le
fondement de cette doctrine,
eſt, que la matiére commune
de tous les Métaux, eſt une certaine humidité, viſqueuſe, ſubtile, parfaitement incorporée avec
le terreſtre ſec & le plus delié.

CHAPITRE II.

Où l'on fait voir la diférence qu'il y a entre les Pierres & les Métaux conformément à ce qui est dit au Chapitre ci-dessus.

DE ce qui a été dit au Chapitre qui précéde celui-ci, en resulte quelques doutes qui confirment la doctrine ci-dessus. Le premier, quelle est la cause que le métal se fond & non la Pierre, & que la pierre se casse & le métal non ? La raison est manifeste, parce que la pierre a plus de sec terrestre que d'humide, & l'humide n'est point mêlé avec le sec, ensorte qu'il puisse se défendre & garantir, & pour cela en lui donnant un feu fort & violent, l'humide se conser-

ve & s'évapore, & la pierre ſe
réduit en chaux ; & à cauſe que
le ſec eſt ſupérieur à l'humide,
& qu'il eſt inégal en proportion,
la pierre étant frappée, ſe briſe
& ſe met en piéces, parce que
n'ayant pas un mêlange parfait,
ni incorporation ſufiſante du ſec
avec l'humide, comme il ſe
trouve dans le métal en donnant un coup fort à la pierre,
reſiſte par ſa dureté, mais elle ne
reſiſte point au marteau, ſe briſe
& ſe met en piéce, parce que
c'eſt contre nature de la ſéche-
reſſe, de reſiſter à une force ma-
jeure.

Le métal au contraire étant
frappé, & de ſa nature doux &
maléable, ne craint point la force du marteau, il s'étend dans
ſes parties, ayant l'humide de
chaque partie uni ; ſon ſec eſt
incorporé de telle maniére qu'il

eſt impoſſible que les unes ſe
puiſſent déſunir & ſéparer des
autres, & faire d'un corps deux,
parce que le ſec des métaux eſt
diférent de celui des pierres,
en telle maniére que la ſiccité
des pierres eſt très-cruë, ſemblable aux choſes beaucoup ge-
lées, pénétrées & deſſechées
par un froid exceſſif ſans aucune
humidité qui puiſſe le défendre
& conſerver, mais dans le métal le ſec terreſtre eſt fort ſubtil, & ſon humidité n'eſt point
épreinte ni entiérement gâtée
par la cuiſſon naturelle.

CHAPITRE III.

De quelques Sentences des Anciens touchant la matiére des Métaux.

ON ne doit point diſſimuler & paſſer ſous ſilence la Sentence d'Avicenne dans ſa Phyſique & dans ſon Alchymie, lequel écrivant à Hacem, Philoſophe, dit que le mercure & le ſoufre ſont la matiére de tous les Métaux. Et Raimond Lulle, Geber & généralement tous les Alchymiſtes ſont de ce ſentiment, ce que je ſuis obligé de croire moi-même, parce que conſidérant attentivement le Mercure, qu'ils apellent vif-argent, ſa matiére plus prochaine eſt cet humide ſubtil mêlé avec le ſec subtil terrestre, & la substance visqueuse, onctueuse, est la propre matiére essentielle du soufre, ce qui a fait dire à Hermés & à d'autres anciens Philosophes, que les quatre Elemens sont tous la matiére des Métaux, cela ne peut pas se soûtenir, parce que nous ne déterminons point la matiére des choses naturelles par les parties du composé qui entrent en telle chose, mais par la chose qui se manifeste plus particuliérement & qui se connoît le plus dans le composé.

Et parce que ce qui se connoît plus dans les Métaux, est cette humidité incorporée avec ces qualités avec le sec, pour cela nous disons, & la raison le veut, que telle est la matiére des Métaux, mais nous ne devons pas nous étonner qu'Hermés fût de ce sentiment ; puisque j'entens

certains Philofophes qui foûtiennent que la matiére des Métaux,
eſt la chaux & leſſive, comme
l'a dit auſſi Démocrite. Mais ſi
cela étoit ainſi que la matiére
des Métaux fût une chaux incorporée avec la ſubſtance de l'eau
qui eſt mêlée abondamment dans
la leſſive, après ſa congelation
& coagulation, en reſulteroit
un métal dur comme une Pierre ſemblable à du mortier fait
avec la chaux & le ciment qui
ne pourroit point ſoufrir de marteau, qui au moindre coup ſe
mettroit en piéces ; bien plus,
mettant ce métal au feu, il ne
ſe fondroit point, & bien loin
de là, il deviendroit plus dur &
plus aigre, comme fait le ciment
du mortier fait avec la chaux.

Outre cela, la chaux étant
terreſtre, pénétrée & deſſeichée
par le feu, néceſſairement tien-
dra

dra fes pores fermés, de forte
que n'étant point pénétrable,
l'eau ne fe peut pas facilement
& parfaitement incorporer avec
elle, & ainfi nous voyons que
les murailles & parois rotis par
le feu, l'humidité de l'eau ayant
été confumée à caufe de fa mauvaife incorporation & mêlange,
la chaux fe convertit en felpêtre
& farine, s'éboule & défunit la
muraille.

La même chofe arriveroit au
métal fi la matiére étoit chaux
ou leffive, fuivant ce qu'en a
crû Démocrite. La méprife de
ce Philofophe fut, qu'en voyant,
faifant & compofant l'élixir pour
faire de l'argent d'Alchymie, le
meilleur & le plus vertueux,
étoit celui qui avoit dans fa racine un mêlange de chaux & de
cerufe, il croyoit que c'étoit la
même chofe dans le mêlange

naturel de la génération des Métaux ; ignorant que l'art, par fon
défaut, a befoin de beaucoup d'aide que la nature ne demande pas ;
& quoique les Alchymiftes fe
fervent de chaux & de cérufe
dans la vûë d'endurcir & donner couleur qui font des chofes
accidentelles, la nature pourtant
ne fe fert point de ces matiéres,
& elle endurcit & donne couleur aux métaux, en digerant
avec fageffe & prudence.

Gilgil Arabe laiffa par écrit,
que l'infufion des cendres étoit
la matiére des métaux, perfuadé
par la confidération du verre,
qui moyennant une forte cuiffon de chaud & fec, la cendre
fe fond & fe reduit en verre en
maniére de métal, parce que
fuivant la raifon, ces chofes qui
fe fondent & fe délient par une
maniére & fe congêlent, il paroît

que leur nature eſt une ſeule.
Outre cela nous voyons que le
terreſtre ne peut pas ſe rendre
délié , ſe diviſer & mêler avec
l’humide , ſinon avec grande
force de feu qui le ſublime &
l’éleve , la même choſe arrive
dans le terreſtre devenu cendre ,
mêlé avec les humidités du métal. Et par cette même raiſon
les métaux jettés dans l’eau vont
au fond , ce qu’ils ne feroient
pas , s’ils avoient un mêlange
d’humidité onctueuſe & graſſe ,
laquelle comme l’huile ou le
liége ſurnageroit à l’eau.

Outre cela toute choſe qui a
un mêlange d’un tel humide ,
ſe brûle & ſe gâte dans le feu ;
il en arriveroit autant au métal
s’il l’avoit. C’eſt pourquoi Gilgil
conclut que les métaux ne ſont
point onctueux humides , parce
que leur matiére eſt un terreſtre

sec en maniére de cendre, mêlé avec humidité d'eau ; mais les
raisons de Gilgil sont mécani-
ques qui n'apartienent qu'à un
Alchymiste présomptueux, parce
que la doctrine des Philosophes
démontre qu'il est faux, que con-
sidérant la proprieté de la cendre, nous trouvons qu'elle est un
corps poreux subtil qui ne contient point l'humide, & que l'eau
la pénétre toujours, & ne s'y
arrête point. Pour qu'elle fût congêlée & convertie en métal, il
falloit que l'eau séjournât en elle
long-tems de pied ferme, autant
qu'il convenoit pour la digestion
naturelle de la matiére & la génération des Métaux, ce qui est
impossible, étant le passage de
la cendre ouvert, comme il l'est,
à l'eau en guise de tamis ou crible.

Outre ce, nous considérons

que l'humide coule par les cendres, fort de couleur blonde,
jaune ou citrine, lefquelles couleurs n'ont point la cendre en
elle-même, de quoi l'on com-
prend que la cendre n'eft point
celle qui teint & donne la couleur blonde, ni la matiére du
verre & des métaux, parce que
d'elle - même teindroit ce qui
teint, & eft matiére de verre,
l'humide très - pur qui étoit in-
trinfeque radical & confubftan-
ciel à la chofe, dont les cendres
par aduftion & cuiffon ont été
faites, que ce fût bois ou herbe
ou autre matiére.

Lequel humide étoit de telle
qualité & fi bien incorporé avec
la chofe brûlée, que le feu n'a
pû le fondre ni le confumer, &
il a refté envelopé dans les cendres & détenu & réuni au four,
fe liquéfie, court & fe convertit

en verre, parce que c'eſt une certaine humidité qui a ſoufert par
mêlange de la ſiccité véhémen-
te, qui eſt la matiére premiére
éloignée des choſes qui peuvent
ſe liquéfier, de laquelle on ne
peut pas dire que ce ſoit cendre,
ſinon qu'a été mêlée avec icelle,
dans le tems que le feu les alté-
roit ; partie de l'eau & humide,
avec partie embraſée, & humidité de la cendre terreſtre, ſans
aucune ſéparation de ce qui eſt
homogene, de nature & eſpéce
ſemblable, ce que Gilgil n'a
point remarqué ; car dire que
le métal parce qu'il ſe fond en
eau, eſt de nature de cendre &
de matiére terreſtre & ſeiche,
il eſt évident que ſa Philoſophie
n'étoit point bien fondée, parce
que la cauſe de cela eſt très-na-
turelle, attendu que l'humide &
le ſec ſont mêlés & joints en-

femble d'une telle maniére dans le métal, qu'ils ferment & preſſent les pores qui retiennent ordinairement l'air par l'amitié & conformité de l'humide, & le corps qui de lui-même eſt peſant lui manquant, ce ſoutien aerien léger, ſe fond ; la cauſe que l'humide du métal ne ſe brûle point, nous l'avons ſuffiſamment déclaré dans le Chapitre premier.

CHAPITRE IV.

De la cauſe éficiente des Métaux, & de la maniére qu'ils ſont communément engendrés.

AYant dit dans les Chapitres précedens quelle eſt la matiére des Métaux en général, nous dirons à préſent quelle eſt

la cauſe éficiente, & comment
ils ſont engendrés.

La cauſe éficiente eſt le ſeul
& le premier agent, & principal
artifice dont la nature ſe ſert en
la génération des Métaux. Les
Philoſophes dans leurs recherches, avant d'être parvenus à la
connoiſſance de la vérité, par
quelques aparences générales,
penſoient & croyoient que la
froideur engendroit les eſpéces
des Métaux, & comme leur cauſe éficiente leur donnoit un être
complet & la perfection, principalement à cauſe qu'il arrivoit
que le froid congéloit les Métaux, & qu'après être fondus ils
reprenoient leur dureté ſans être
corrompus, ce qui ne fait point
la chaleur qui les fond & délie avec perte de quelque partie
d'iceux, après cela ils ont vû
que dans les choſes animées &
vivantes,

vivantes ; ce qui déterminoit la matiére à la forme , la faisoit capable & proportionnée , c'étoit la chaleur qui les diversifioit dans leurs espéces & formes ce qui leur parut devoir être de même dans la génération des Métaux , lesquels entr'autres choses, soient tantôt congêlés & fermés, liquéfiés , conservant toujours leurs espéces invariables, ce qui ne se feroit point si la froideur étoit l'agent & la cause éficiente de la génération de ce Métal , parce que seulement il conservera son espéce congêlée ferme & non étant fondu & liquéfié.

Outre cela, la congelation & la liquéfaction sont des espéces materielles qui conviennent à plusieurs choses de nature , de qualité & espéces diférentes. Ce qui ne peut pas être & se soufrir dans les espéces & formes qui sont substantielles, lesquelles conviennent seulement à un, & non à divers.

Comme la matiére des Métaux étant un humide subtil, incorporé avec le sec terrestre & subtil qui étant brûlé donne de lui-même une odeur en quelque maniére sulfureuse, il paroît raisonnablement qu'il y a un mélange de soufre, lequel ne s'engendre jamais sans chaleur. Il convient que la chaleur qui digere & convertit le sec terrestre & l'humide acqueux, & le mêle en une matiére substancielle, soit reputé pour la cause éficiente de la génération du même métal dans lequel elle se trouve. Outre cela, toute qualité ou autre chose qui congêle la matiére qui est eau courante ou son semblable, & qui l'épaissit, est la chaleur en digerant,

Puis comme il est véritable que la premiére matiére de tous les Métaux, est une humidité fluide & coulante comme l'eau incorporée avec le terrestre sec & subtil, & se congêlant, se convertit en métal, ce qui ne peut être sans chaleur.

Nous connoissons clairement que la froideur n'est point la cau-se éficiente des Métaux, mais bien la chaleur. Il y a une autre raison naturelle que le feu seul, c'est-à-dire, la chaleur, a pouvoir d'altérer les lieux & si-tuation des Elémens. Donc en la génération des Métaux paroît qu'elle n'agit pas seule, parce que si elle toute seule faisoit l'office par l'action continuelle & perpétuelle, dans la suite des tems desfécheroit l'humide ra-dical, & reduiroit en cendre le terrestre sec en détruisant la ma-

tiére du métal , ce qui n'eſt pas
de même parce que la nature y
a mis des bornes , l'a conſtituée
& temperée de telle maniére
qu'elle ne peut manquer à ſon
devoir, qui eſt de donner ſeulement la forme de métal à la matiére déterminant ſon eſpéce ,
& rien plus , de ſorte qu'elle eſt
comme un inſtrument de la nature qui s'arrête en la fin de l'eſpéce , & ſans paſſer outre , lequel avis de prévoyance & in-
duſtrie uſent & ont inventé les
hommes châcun dans ſon art &
dans l'ofice qu'il exerce , pour
cette raiſon la nature a incorporé dans la matiére une certaine
vertu produite par les Agens ſu-
périeurs, Ciel & Etoiles qui s'a-
pellent Motrices , parce qu'elles
réglent la chaleur naturelle, de
ſorte qu'elle ne ſe ſépare point
de la génération du métal qu'elle

prétend, ni elle ne s'occupe à
aucune autre chofe qu'à la réduire en perfectionnant fon ef-
pece par une continuelle digeftion de la matiére. Ce mouvement droit de chaleur dure jufqu'à la fin & terme de l'efpéce,
c'eft une vertu formelle qui procéde de l'entendement qui la
meut, laquelle éficace & force
dépend de la lumiére & de la
chaleur des Etoiles & du Ciel,
qui avec la force de ce feu féparent & confument les chofes
qui font contraires , & confer-
vent celles qui font utiles à la
génération de quelle que ce foit
chofe naturelle , en fon efpéce,
faifant une digeftion parfaite ;
lefquelles chofes inutiles & pré-
judiciables qui empêchent la propre forme , il ne fuffit pas qu'elles
foient chaffées de la compagnie
de la matiére, mais encore qu'ou-

tre cela, la matiére se détermine à sa propre forme, sans chercher à s'incorporer avec une autre que la nature n'avoit point
déterminée au commencement.

Cela fait, la chaleur qui détermine la matiére à sa fin qui est
l'espéce, par la force d'une vertu qui procéde, resulte & lui
communique le terme naturel
de l'espéce qui est la forme, non
la forme qui s'introduit dans la
matiére, parce qu'il faut que ce
soit une forme du premier & plus
puissant Agent qui donne la forme à toutes choses, espéces naturelles.

Celui-ci est le premier mo-
teur par la vertu du Ciel & des
corps lumineux qu'il renferme,
que pour expliquer toutes les
formes ensemble avec les quatre
Elémens, c'est comme l'Artiste
qui avec le marteau, la scie &

le cizeau compofe & perfection-
ne les formes de fon art, de forte
que la caufe éficiente de la génération des Métaux, eft la chaleur guidée & acheminée par la
vertu formative qui eft dans la
matiére, & adreffée & déterminée à la fin de l'efpéce par la
vertu formelle qui refulte de
l'action des Cieux & des Etoiles
& des quatre Elémens.

CHAPITRE V.

*De la forme fubftantielle des
Métaux.*

LA forme fubftantielle, ou
effentielle des Métaux, eft
celle qui doit l'être, comme à
toutes les autres chofes, & quoique quelques-uns ayent crû que
la coagulation ou congelation

étoit leur forme, c'eſt hors de raiſon, puiſque nous voyons qu'étant fondus ils retiennent l'eſpéce, & ſont autant métaux en nombre comme auparavant.

Les anciens Alchymiſtes ont avancé qu'une certaine proportion de qualité qui conſiſtoit dans les vertus des quatre Elémens, en la compoſition des Métaux, étoit leur forme propre, laquelle opinion & ſentiment on attribue à Platon, lequel conclut en diſant que la vertu de la terre qui de ſa nature eſt froide & ſéche, étant mêlée & proportionnée par les vertus céleſtes des Planetes, donne la forme aux Métaux. De ſorte qu'ayant plus grande partie de vertu terreſtre que celeſte, s'engendre alors un métal bas & imparfait, comme le plomb, & excedant & ſurmontant la vertu céleſte à

la terreftre, s'engendre un métal auffi noble que l'or, & fuivant cette fentence Platon gra-
dua les Métaux en en rappor-
tant un à châque Planete, auquel dans le tems de la génération la Planete avoit prédominé
avec plus grande éficace ; &
ainfi excédant la vertu du Soleil à la matiére terreftre & fa
vertu , il dit qu'il en réfultoit
l'or, & excédant la vertu de Ju-
piter en réfultoit l'étain, & excédant Mars le fer, & excédant
Saturne le plomb, comme Vénus le cuivre , Mercure le vif
argent, & la Lune l'argent.

Se rapporte à cela ce que le
Trifmegifte a dit, que la Terre
étoit la mere des Métaux, & le
Ciel le pere.

Mais Albert le Grand, Philofophe célebre, Examinateur des
vérités de la Nature, dit que la

disposition de la forme essentielle des Métaux qui resulte,
est produite & engendrée de la
proportion des Vertus, des Prin-
cipes, des Agens & des Patiens
naturels, & la forme même est
celle que produisent les princi-
pes formels Agens.

Ainsi comme la vertu informative est dans la matiére ; la cause
pourquoi l'on attribuë les Métaux aux Planétes est convenable, comme les pierres précieuses pour être fixes & stables dans
leurs especes, sont atribuées au
gouvernement des Etoiles fixes,
ainsi de même les Métaux à cause qu'ils sont variables & incons-
tans, on les attribue aux Planétes qui sont des Etoiles errantes
& volubles de leur nature.

CHAPITRE VI.

Où est traité d'une opinion de Calif-
thenes, qui soûtient que la for-
me des Métaux est une seule.

CAlisthenes & autres Alchymiftes fufcitérent un doute
en Philofophie, fondés fur l'expérience de leur Art, & afirmerent que l'or feul avoit la forme
fubftancielle, & que tous les
autres étoient des Métaux imparfaits fans corps, qui tendoient
à la perfection & à l'efpéce &
nature de l'or, & pour cela ils
inventérent la compofition de
leur élixir, qui eft un compofé,
moyennant lequel, comme par
certaine médecine guériffent les
infirmités & défauts des Métaux
imparfaits, en les réduifant à

leur dernier terme formel (qui eſt le huictiéme) le temperant de maniére qu'il brûle ce qui ſe doit brûler, qu'il adoucit ce qui doit ſe molifier, qu'il endurcit ce qui doit être dur, qui donne couleur à ce qui ne l'a pas, & le poids au métal léger & ſubtil.

Les raiſons ſur leſquelles ils ſe fonderent, atteſte Albert, n'avoir pas pû les certifier & afirmer ; ſeulement il en raporte quelques - unes d'Avicennes & de Raſis, leſquelles il confute & détruit. La plus forte raiſon étoit celle d'Avicennes , diſant que toutes les choſes qui ſont compoſées des Elémens en proximité & proportion , & qui ont une même maniére de mêlange, il paroît qu'ils ont une même forme avec laquelle ils ſe communiquent.

Il étoit fondé en ce que, ſuivant Platon , les formes doivent être conformes à la nobleſſe de la matiére , & en ce que la génération doit être de choſes convenables , laquelle convenance eſt impoſſible qu'elle puiſſe exiſter & ſe trouver en pluſieurs choſes qui diférent particuliérement dans le mêlange de quelques choſes de même eſpéce , mêlées pour une même forme : donc , comme le mêlange de tous les Métaux eſt d'un ſec terreſtre , ſulfureux & de l'humide radical aqueux qui a été purifié de ſon onctuoſité huileuſe & humeur ſuperfluë , il paroît évidemment qu'à tous leur convient une ſeule forme ; puiſque leur mêlange eſt un ſeul ſans diférence dans la matiére.

Outre cette expérience, Avicennes a encore expérimenté que l'élixir des Alchymiſtes conver-

tit le cuivre en argent, le plomb
en or & le fer en argent, ce qui
feroit impoſſible, ſi dans la forme ils n'étoient point commu-
nicables, en diverſifiant dans la
matiére ſeulement les accidens
materiels facilement ſéparables
de la matiére, comme ſont la
couleur, l'odeur, la ſaveur, la
légéreté, l'épaiſſeur, la douceur, la dureté & autres ſem-
blables, toutes leſquelles raiſons ſont foibles & inſufiſantes,
car c'eſt une choſe très-notoire
& qu'on ne ſçauroit conteſter,
qu'aucune matiére ne peut exiſter ſuivant nature, ni avoir l'être,
ſans avoir en même-tems quelque forme ſubſtantielle.

Puiſque nous voyons que l'é-
tain, le fer, le cuivre & les autres
métaux exiſtent & ſont perma-
nens ; il eſt impoſſible que la matiére ſoit en eux ſans avoir une
forme.

Bien plus, les choses qui ont des propriétés, vertus & passions diverses, il faut qu’elles ayent raison de substance ; tout cela se trouve diférent dans les Métaux, par où il paroît qu’ils sont diférens en raison & substance.

Car s’il étoit vrai qu’une même matiére de mélange devroit nécessairement engendrer & produire une même espéce, & toutes les choses de ce monde seroient d’une même espéce, parce que le mélange de toutes est des quatre Elémens seuls. Cela est manifestement faux, parce qu’à diverses proportions & nombre de choses qui se mêlent ensemble, s’attribuent en diverses formes de choses qui s’engendrent, & en la génération des Métaux concourent, les mélanges de choses diférentes avec diverses

proportions & maniére de mix-
ture, comme nous dirons en son
lieu ; d'où l'on voit clairement
que cette raison d'Avicennes &
de Rasis, comme aussi de tous
les autres ci-dessus, sont fausses
& foibles, qui ne prouvent ni
ne concluent y avoir une seule
forme essentielle dans tous les
Métaux, suivant le sentiment de
Calisthénes.

CHAPITRE VII.

*Qui traitent d'une autre opinion
d'Hermes qui afirmoit, qu'en
châque métal il y avoit plusieurs
formes.*

NE fut pas moins erronée
l'opinion & la sentence
d'Hermes & de quelques autres
Philosophes anciens beaucoup
plus

plus chiches comme Califthé-
nes, puifque lui fe contentoit
avec une feule forme dans les
Métaux, & à eux encore plufieurs en châque métal, leur
durent paroître peu, car ils ofé-
rent dire, fe conformant prefque
à Anaxagoras, que les Métaux
avoient une forme au dedans
d'eux, & une autre au dehors,
une fecrete & l'autre manifefte
& publique, une en la fuperficie
& une autre dans le centre, at-
teftant que le plomb avoit au dedans de l'or, & que l'or au contraire contenoit au dedans du
plomb, & ils afirmerent que la
même conformité & compagnie
fe trouvoit au cuivre avec l'argent, & ainfi des autres métaux,
chofe digne d'admiration, parce que la qualité & nature propre des chofes homogénes étant
celle d'avoir & conferver une

même espéce tant au dedans qu'au dehors, tant aparente que fecrete, & les Métaux étant tous homogénes, ils oferent afirmer une fentence auffi incompatible, & notoirement fauffe.

Pour fe fouftraire de cette faute, ils inventérent cette précaution, difant que ce dedans ou dehors, deffus ou deffous, fecret ou fuperficiel des Métaux, ne fe devoit point entendre, fuivant la fituation & la diférence des parties, mais fuivant les proprietés & nature du prédominant ou non prédominant ; ce que s'il étoit vrai, en donnant feu au plomb, lorfqu'il fe feroit tout confumé & entiérement évaporé, l'or refteroit purifié, & donnant feu au cuivre, l'argent refteroit de même.

Mais l'expérience nous fait voir tout le contraire, & non-

feulement cela eft hors du bon
fens, de la vraye & bonne Philofophie, mais abfurde & hors
de raifon. Ils ont dit cela par
avanture, perfuadés par la confidération de l'afinité & reffem-
blance des matiéres des Métaux,
parce que nous voyons par l'expérience Alchymique, que le
plomb qui eft naturellement humide, aqueux fuperflus avec une
groffiéreté enflammable qui fe
peut enflammer, prenant facilement le feu, & fon terreftre
eft mal mêlé avec l'humide &
impur, il arrive qu'en le fublimant & évaporant l'humide fuperflus, par la force de la chaleur & fe confumant le groffier
huileux & enflammable, & fe
purifiant le fec fulfureux, s'éle-
vent des humidités & vapeurs,
qui étant mêlées par fufocation
de l'alambic ou aludel, fe con-

vertiffent en une maffe refplan-
diffante femblable à l'or, qui
pourtant eft faux & fophyftique.
Mais en tel cas on ne pourra
pas dire que cette maffe foit du
plomb, étant plutôt une autre
nouvelle fubftance, parce que
tout le plomb fe corrompt en
l'œuvre naturelle & fe convertit
en fin or, & par l'art il le fera,
felon l'habilité de l'Artifte qui le
travaillera.

CHAPITRE VIII.

*Où eft traité de l'intention, & de
la poffibilité de l'Alchymie en la
tranfmutation des Métaux.*

C'Eft la Sentence d'Huften
Philofophe, qui dit que par
l'Art feul des Alchymiftes peuvent être alterés, chaffés & intro-

duits les accidens dans les Métaux, mais on ne peut point changer les espéces, ni d'une matiére
en engendrer une autre. Avicennes en expliquant cet endroit
conclut, que tout ainsi que le Médecin en apliquant des remédes & des agens naturels qui ont
diverses qualités & proprietés,
purge les mauvaises humeurs &
purifiant les corps avec bénéfice
& secours de nature & sa prévoyance donne la santé.

Par la même forme & ordre
l'Alchymiste sçavant en purgeant
les impuretés du soufre & argent
vif des Métaux, & les purifiant
par son Art, il est possible qu'il
engendre une nouvelle espéce
par la corruption totale des Métaux. Dans lesquelles opérations
tant le Médecin que l'Alchymiste ne sont que les instrumens; &
la nature & l'Art en sont les Maî-

tres, faisant par le moyen de la chaleur leur digestion, parce que les efets que font les vertus des Etoiles dans les vaisseaux naturels & concavités de la terre, ils peuvent le faire sans aucun inconvénient dans les vaisseaux artificiels, s'ils suivent la même voye & forme que la nature a établi ; la décoction & digestion que fait la chaleur du Soleil, peut aussi la faire tout de même, la chaleur du feu étant temperée & proportionnée, en quoi consiste principalement toute la dificulté de cet Art. Parce que cette chaleur doit être reduite à un point qu'elle ne puisse résoudre & consumer la vertu informative, qui par son mouvement dispose & détermine la matiére à un autre métal, selon la proportion de la matiére & de son mélange par le secours de l'Art. Comme les vertus des Etoiles & du Ciel font communes, influent & communiquent à chaque chofe, fuivant la convenance & la poffibilité de la matiére, fe déterminant par la vertu de ces chofes qui font foûmifes par la nature; ce qui fe manifefte très-clairement par les animaux, les infectes & par les plantes, les vers & autres chofes femblables, qui s'engendrent de la putrefaction, fans s'éloigner de leur efpéce, par lignes indivifibles, naiffant les uns des autres, fuivant qu'il arrive très communément.

De forte que l'Art de l'Alchymie par fon bon ordre & difpofition en corrompant quelque chofe minerale, la tire hors de fon efpéce, & fe fervant de ces vertus & chofes qui font dans la matiére introduit une nouvelle efpéce.

C'eſt pourquoi les diférentes voyes que les Alchymiſtes ont inventé pour leurs operations, la meilleure & la plus certaine eſt celle qui eſt conforme à la nature, ayant toûjours en vûe la putrefaction du ſoulfre & du mercure par cuiſſon & ſublimation, & le ſoin de les mêler à propos avec la matiére du métal qu'il prétend d'engendrer.

Parce que ces Alchymiſtes, qui par moyen de médecine operent, donnant avec un élixir la couleur aux Métaux, tels qu'ils ſe trouvent, ſans ſéparer leur forme de leur matiére, ſelon le ſentiment de tous les bons Philoſophes, ſont dans l'erreur, & on peut les apeller de vrais trompeurs & ſophiſtes, parce que le métal qu'ils font, quoiqu'il paroiſſe d'une belle couleur, & qu'il ait toutes les aparences

rences de l'argent & de l'or, il est pourtant faux & visiblement sophistique , & contient en dedans sa premiére forme de métal qu'il avoit avant que la médecine s'incorporât avec lui, & de cette sorte d'or on en fait qui résiste à plusieurs fontes , comme aussi d'argent, & ils souffrent même l'épreuve que les Artistes nomment Royale, & étant affiné sept fois & davantage ne diminuent point en poids ni en volume.

Mais, dans la suite, leur humidité reste si épurée & si mal jointe avec le terrestre, que ne pouvant se soûtenir l'un & l'autre, le tout s'en va en scories, & cette maniére de procéder est suivie par tous, ou la plus grande partie des Alchymistes, à cause qu'elle est facile ; & ne nous trompons point, ni ne nous

abufons pas, nous hommes, niant
la poſſibilité de l'Alchymie, que
la ſcience & le diſcours naturel
de la raiſon rendent poſſible : il
ne ſufit pas de dire que nous
n'en voyons point l'expérience,
ni n'avons connu homme vivant,
qui avec du ſoulfre ait fait de l'or,
& de l'argent avec le Mercure,
parce que, quoique nous ſoyons
certains que pluſieurs le ſavent
faire & y travaillent, ceux qui
y réuſſiſſent gardent le ſecret,
d'autant plus que nous ſavons de
ſcience certaine que pluſieurs
en ont fait. Je dis cela afin que
les Artiſtes & Maîtres, Ouvriers
& autres perſonnes ſoient ſur
leur garde à ne point ſe laiſſer
tromper ſur les pierres & ſur les
Métaux, qui ſont des choſes dificiles, mais point impoſſibles ;
que ſi je voulois exécuter ce que
j'ai vû & éprouvé moi même,

quoique je pourois le faire en toute liberté & sûreté de ma personne, si la conscience me l'eût permis, je serois assez riche & beaucoup plus que je ne le suis. Je n'en dis pas davantage sur ce sujet afin de ne pas réveiller le chien qui dort.

CHAPITRE IX.

Où est traité de la forme du lieu où les Métaux sont créés & engendrés.

DAns le présent Chapitre nous parlerons de la forme des endroits où les Métaux sont engendrés, parce que suivant que nous l'avons dit, le lieu & sa disposition ont une grande force dans la génération des Métaux, & parce que nous dirons ailleurs , en la seconde Partie de ce Traité , en parlant des Métaux en particulier , où , & en quel endroit ils sont créés & se trouvent.

Ici nous toucherons seulement la forme du lieu , & la maniére en laquelle le Métal est produit; on doit présupofer que pour la génération des Métaux , est requise une commixtion , & mêlange de l'humide avec le sec , comme dit est. Parce que la matiére doit être convertie en métal suivant la diférence de la forme par art & sublimation de nature, car dans quelque endroit que ce soit des entrailles & profondités de la Terre où se trouve un tel mêlange , par le concours de la chaleur , commence à se faire une cuisson naturelle , laquelle a la mesure de la nature qui est le maître , se tempere , de sorte

qu'elle purge ce mêlange de sec
& d'humide de toute impureté
qui peut empêcher la production
du Métal. Et par la disposition
de la vertu formative, procéde
en la matiére, & par la vertu
des Etoiles & du Ciel se détermine à la forme, en tel cas &
conjoncture le mêlange de la
matiére étant fait, s'éleve une
vapeur & des fumées, où toutes
les vertus sont incorporées &
résoutes avec la même matiére,
& par la force de la chaleur
montent par les concavités de
la Terre, qui sont naturellement
pénétrables jusqu'à ce qu'arri-
vant aux endroits étroits & reser-
rés s'y arrêtent & s'épaississent,
se sufoquant & retournant en
elle-même la vapeur se congêle
peu à peu par la force du froid &
sufocation du plus subtil du mêlange & matiére informe, qui

voltige autour de la vapeur &
des fumées , & cela eſt la cauſe
que par tout où il y a des veines de Métaux , il y a toujours des pierres & des roches
teintes de la fumée , & rôties
de la chaleur qu'elle porte avec
elle. Ainſi pareillement la cauſe que les pierres ou mines où
ce Métal s'engendre toûjours
le plus, & le meilleur d'icelui eſt
le plus intérieur & le plus profond. Parce que le plus peſant
& le plus chargé de matiére ſe
trouve toûjours le plus bas de
l'orifice, & du conduit de la con-
cavité où il ſe congêle.

C'eſt pourquoi on ne doit point
prétendre & ſoûtenir que les mines qui ſont ſur la ſuperficie de
la Terre, ſoient les plus riches,
parce que cela eſt contre la raiſon & le bon ſens; j'en excepte
les mines qu'on apelle de tête,

qui sont très-riches en la surface de la Terre, & qui ordinairement finissent bien-tôt, & la cave du Métal d'icelles dure très-peu de tems. La raison, ce me semble, est évidente & claire, parce que la fumée & la vapeur qui s'éleve du mélange qui est profond, monte par les conduits sans être détournée, & rencontre l'endroit le plus étroit de l'orifice, autour de la superficie de la Terre, par interposition & pressement des rochers, qui font & forment des conduits étroits, & là s'arrête la fumée & retourne jusqu'en bas fuyant le froid, & repoussant tout ce qui monte à ce qui est en haut, jusqu'à ce que s'épaississe & coagule la matiére Métallique en la superficie de la Terre où elle refléchit. Mais comme la fumée & la force du feu qui l'acompagne mettent fort peu d'empêchement, brûle les Roches & les rend tellement spongieuſes, que comme ſont ſuperficielles & qu'il y a peu de choſe à pénétrer, les deſéche de maniére que comme par un crible paſſe à travers & ſort ſans aucun empêchement, & élevant avec ſoi les matiéres vaporeuſes en l'air, la génération du Métal ceſſe, & reſte la mine riche de tête, mais venant à manquer la ſucceſſion de la congelation, parce que les vapeurs & les fumées s'en vont, ſans empêchement tout droit, quoique le mêlange ne manque point en bas, qui eſt le commencement, le Métal pourtant manque, parce qu'il n'a pas un lieu propre & convenable pour qu'il puiſſe ſe coaguler.

Les lieux les plus diſpoſés naturellement pour cette génération Métallique, ſont les montagnes & les eaux, par la raison qu'ils sont plus vaporeuses & plus propres pour sufoquer & congêler le Métal. L'or qui s'engendre dans le sable des Riviéres & Ruisseaux se fait d'une vapeur digerée en chaleur subtile, laquelle s'étoufe & digére parmi la matiére sablonneuse. Parce que comme de soi-même elle est relentie & pressée par la froideur de l'eau & sa fréquentation, le sable est naturellement disposé pour retenir & congeler cette vapeur, & pour cela l'or est plus beau. Et aussi parce que par la force de la chaleur & siccité du sable, le soulfre & le mercure dont l'or est engendré s'épure mieux.

Cela s'entend fort bien par la forme, maniére & ordre du lieu & des vaisseaux, où les Alchymistes font leur sublimation en la tranſmutation des Métaux qui étant amples en bas, & étroits dans l'endroit où la vapeur s'attache puiſſament ſe congêle & ſe fait élixir.

CHAPITRE X.

Qui confirme ce qui eſt dit ci-deſſus, & prouve plus clairement la poſſibilité de l'Alchymie.

C'Eſt une choſe, celle-ci, ſi certaine & ſi naturelle, qu'il arrive à ceux qui creuſent des mines, de pourſuivre un puits ou veine d'argent, ou en fouillant la Terre plus bas que la mine, ils rencontrent une roche percée, & de ladite roche en bas ils trouvent une mine d'or ſans aucun mêlange d'argent, de ſorte que dans le vaiſſeau inférieur,

par l'étreciſſure de la roche, qui
naturellement eſt pierre à feu,
les vapeurs s'arrêtent & ſe dé-
bordant ſe mêlent, & la digeſtion
des matiéres ſe fait par la chaleur, ſéparant les ſuperfluités,
& s'engendre l'or des fumées
qui paſſent par le trou des roches
au vaiſſeau ſupérieur, ne pouvant pas s'afiner le mêlange, autant qu'il le faut, quoiqu'incorporé dans les matiéres, elles ſe
coagulent & font de l'argent,
de ſorte qu'étant le mêlange &
la vapeur une même choſe, &
la matiére une ſeule, par la diſpoſition diférente du lieu, & ſe
purifiant davantage la vapeur de
ſon humide terreſtre, s'engendre un Métal tout diférent d'un
autre, parce que c'eſt une choſe
inconteſtable & très-certaine que
la matiére des Métaux eſt toûjours la même, & n'eſt point

diférente l'une de l'autre, ni
de près ni de loin, finon en digeftion ou indigeftion, & d'être
plus ou moins nette & purifiée ;
de forte qu'en mettant une vapeur par les trous de la Terre,
qui naît d'une même veine ou
racine, s'en va dans diférentes
caiffes fuivant la diverfité de la
chaleur ou du froid, digerant &
purifiant plus ou moins leur degré, & fe convertit en plomb,
argent, cuivre ou or, en fer, ou en
quelque autre Métal que ce foit.
Et nous voyons par expérience,
que dans toutes les veines voyant
les Métaux mêlés, jamais ou rarement vienent pur or tout feul
ou argent feul, cela n'arriveroit
pas, fi les matiéres mêlées aux
vapeurs que produit un Métal,
étoient plus diftantes & diférentes dans leurs accidens & qualités des matiéres, defquelles les

autres font produites & engen-
drées.

D'autant plus que confidérant
Philofophiquement, fuivant qu'il
eft traité dans les Livres de la
génération , toutes ces chofes
qui font fymboliques qui s'imitent, font femblables en leurs vertus, puiffances & qualités naturelles, & facilement fe conver-
tiffent les unes dans les autres ,
comme nous voyons que fe communiquant l'eau avec l'air, dans
l'humide de l'eau fe fait air en fe
rarefiant, & l'air fe fait eau en
s'épaiffiffant, parce que fe joignant la chaleur à l'eau, qui
puiffe vaincre fa froideur & la
chaffer, elle fera chaude & humide, & fera air en recroiffant
la matiére ; & au contraire de
l'air fe forme l'eau, & pour cela
fuivant la Sentence de Trifmegifte, Pere des Philofophes, les

Métaux agiffent de même, étant fymboliques parmi eux, & fe communiquant dans leurs natures & qualités comme font les Elémens. Puifque nous voyons que le digefte par le mélange de l'indigefte fe rarefie & l'impur par le mélange de digeftion, & fa vertu fe netoye & fe purifie. Et que les matiéres des Elémens fe tranfmuent en fe digerant, & font changées des unes aux autres, fe convertiffant le fer en acier, & l'air en eau, & l'eau en terre leur étant les Métaux & leur matiére femblables, font propres à la même tranfmutation ; & par raifon naturelle, d'autant plus ils fe reffembleront dans les matiéres Métalliques, mieux & plutôt feront tranfmués & convertis en une autre efpéce; & par cette raifon l'Artifte avec fon art & fon travail, s'il procé-

de bien dans ces opérations imi-
tant & suivant la nature , fera
beaucoup plus facilement de
l'or avec l'argent qu'avec tout
autre métal, parce que ces deux
métaux ont beaucoup de convenance ensemble & sont semblables à la couleur au poids
près , qu'on peut aisément donner à l'argent en consumant l'humidité, & y ajoutant & augmen-
tant ce qu'il y manque dans sa
maturité & fixation complette.
De sorte que tant la nature que
l'art, nous enseignent que les
Métaux sont symboliques, qu'ils
s'imitent dans leur nature &
sphére , & que facilement se
transmuent des uns aux autres,
comme font les Elémens, ce qui
a donné grande occasion & juste
motif à ces anciens sages de
s'adonner à un exercice si noble qui imite si bien la Nature

& y remedie, & qui découvre
de si grands secrets.

Fin du Livre premier.

LIVRE

LIVRE II.

De ce Traité ou eſt parlé & décidé des choſes accidentelles
des Métaux, & où on raporte,
& découvre les cauſes de leur
congelation, fuſion, maléabilité & douceur; de leur couleur,
ſaveur & odeur, & pourquoi
les uns ſont plus inflammables que les autres. Ce qu'étant
bien entendu, nous ſervira de
guide ſûr pour faire la découverte de pluſieurs ſecrets.

CHAPITRE PREMIER.

*Qui déclare la cauſe pourquoi les
Métaux ſont faciles à ſe fondre
& ſe coaguler.*

AYANT parlé ſufiſamment
des ſubſtances & des parties
des Métaux, il eſt à propos de

dire & déclarer quelques accidens qui leur font propres, comme de fe fondre & liquéfier, de
fe congêler & coaguler, d'être
obéiffans au marteau, de leurs
couleurs, odeurs & faveurs, &
de leur facilité à s'embrafer, ce
qui eft un inftruction & fcience
très-utile pour avoir la connoiffance de ce qui manque à châque Métal en particulier pour
être parfait, & ce qu'il a de trop
qui l'empêche d'être tel, & de
la maniére & forme comment
on peut les corriger & reformer,
leur donnant la fineffe & perfection à laquelle la Nature les avoit
deftinés.

Dans le prefent Chapitre nous
dirons la caufe pourquoi ils font
faciles à fe fondre & liquefier, &
pourquoi enfuite ils fe coagulent.

Or comme toutes chofes fe
liquéfient & fe fondent, c'eft

moyenant le chaud, fec, froid, & humide, cette régle n'eft point générale & toutes chofes ne font pas de même, car les Métaux en la maniére de fe fondre font diférens à toute autre chofe quelle que ce foit qui eft fufible, l'expérience nous montre que la cire, le fel & autres chofes femblables, en fe fondant fe délient, de forte qu'il ne refte partie qui ne fe détache de l'autre, & qui ne coule, s'arrêtant & s'attachant au corps & fuperficie par où elle paffe & l'humecte ; mais les Métaux feuls étant fondus, coulent de telle maniére qu'ils ne fe divifent point dans leurs parties, ni s'arrêtent, s'atachent aux fuperficies des corps par où ils paffent, & en les touchant ils ne les humectent point. La caufe de cela nous l'avons déja dite ailleurs en parlant du bon mêlange du fec & de l'humide.   F ij

De sorte qu'étant fondu au feu
l'humide se joint & s'incorpore
avec le sec, & le défend de la
chaleur afin qu'elle ne le brûle,
& le sec reçoit en soi l'humide,
& l'empêche de s'envoler, &
pour cela l'humidité se délie avec
le métal fondu, mais elle ne se
sépare point du sec par la discon-
tinuation des parties, c'est pourquoi où va l'humide, le sec y
va aussi, & où reste le sec, l'humide y est incorporé par un mêlange égal & parfait, & tout de
même que le sec fait avec l'humide, l'humide le fait avec le
sec, mais le mélange n'étant pas
tel, c'est-à-dire égal, par la force
du feu, le terrestre se brûle, &
l'humide s'exhale, ne pouvant
se défendre l'un l'autre.

De tels Métaux & de cette
espéce qui ont un mauvais mêlange de sec & d'humide, ont

une grande partie de froideur &
puanteur de soulfre, & font beaucoup de scories, le terrestre le
brûlant.

Les autres Métaux parfaits,
comme l'or qui ont une juste
proportion de sec & d'humide,
étant fondus ne se brûlent point;
le sec terrestre ni l'humide ne
s'exhale ni ne jette des fumées
puantes & grossiéres, mais seulement une fumée claire & subtile, laissant très-peu de scories
& de crasse; mais la congelation
des Métaux est en tous la même
chose sans aucune diférence,
parce qu'elle est causée par le
fixe qui comprime l'humidité au
centre du sec, où il se lie & s'attache, empêchant l'entrée aux
parties terrestres séches & impures.

Le même doit s'entendre des
choses qui s'amollissent, mais ne

ſe fondent pas par chaud & ſec,
dans leſquelles l'humidité donne lieu & coule, emportant avec
ſoi les parties terreſtres, mais ne
coule pas tant qu'elle ſe fonde &
ſépare du terreſtre où la nature
l'avoit envélopé.

Les choſes qui ſont de leur
nature confuſes dans le mélange
comme l'étain, plus on les fond,
plus elles ſe deſſéchent & devienent caſſantes, parce que l'humide qu'elles ont en pluſieurs
parties s'exhale & ſe ſépare du
ſec par le mauvais mélange qui
ſe trouve en icelles.

Le Philoſophe apelle le mêlange de tels Métaux de nature
confuſe & bégue, dont l'humide & ſec dans certaines parties
ſe mêle bien & dans d'autres mal.
C'eſt pourquoi le métal étant
fondu au feu, les parties ſéchent
s'embraſent & s'alument, parce

qu'elles ne font point fecouruës par les humides. Ce mêlange s'apelle confus ou bégue, parce que l'homme bégue , quelquefois prononce les lettres bien & quelquefois mal.

Une marque évidente de cela eft que le plomb & l'étain par raport à leur mauvais mêlange étant long-tems coagulés fans fe fondre par la partie extérieure , de blanc qu'ils font devienent grifâtres , cendreux & noirs, la raifon de cela eft , parce que l'humide de la furface s'enferme en dedans du fec par la compreffion du froid , & les parties demeurent féches.

L'autre, parce que l'humide fe refout avec la chaleur de l'air qui l'environne & s'exhale, & de là vient qu'un plomb ne peut être foudé avec un autre plomb, fi auparavant on ne ratiffe le fec de la superficie du lieu qu'on veut souder, pour découvrir l'humide intérieur, parce que le sec empêche la coagulation qui est une qualité qu'il a en soi-même, étant détaché & seul.

Le cuivre soude le fer & l'argent sur tous les Métaux, la cause de cela est parce que le Mercure qui est incorporé avec l'argent & le cuivre, est bon & subtil, très-pur gluant & par sa vertu pénétre les substances des Métaux qu'on soude, & s'incorporant avec eux, les retient & les colle ensemble.

Pour faire couler lesdites soudures on se sert de quelques agens qui sont la gomme, la poixrésine, le borax, le suif & autres choses propres à souder qui sont onctueuses.

CHAPITRE

CHAPITRE II.

*De la maléabilité des Métaux,
qui les fait étendre sous le marteau, les fait passer par la filiére,
& les rend propres à mettre en
œuvre.*

CE qu'on doit considérer,
outre ce qui a été dit des
Métaux, c'est la maléabilité,
qui est une qualité qui les dispose
à soufrir le marteau, & tout
travail sans resistance, ni sans se
casser. La cause de cel. est l'humide, qui quoiqu'il soit incorporé avec le sec, toutefois n en est
pas totalement délié & détaché.
Lequel humide étant ainsi qu'il
se détache par l'expultioi du
froid qui le serre & le congêle,
ne se séparant pas du sec, cela

Tome I.   G

s'apelle maléabilité ou ductibili-
té, & c'est une qualité qui se
trouve beaucoup diférente dans
les métaux, parce que l'or est
celui qui se travaille le mieux,
après lui est l'argent, ensuite le
cuivre purifié, ensuite le fer, le
plomb & l'étaing tiennent le dernier rang. L'or est si doux &
obéissant, qu'il se laisse filer tout
seul, & encore mieux passer par
la filiére, lorsque sur une partie
de ce métal on y en ajoute cinq
d'argent fin, parce que l'or tout
seul ne resiste pas si bien au coup
de marteau, comme quand il
est acompagné avec l'argent. La
cause de cela est que l'humide
subtil embrasse le sec & le rend
doux & facile à s'étendre.

Deux choses empêchent ordinairement la douceur & souplesse
des métaux, & les rendent dificiles à s'étendre, savoir ou l'hu-

mide groſſier, mal purifié, ou le mélange bégue, car en frappant les parties mal mêlées d'humide, ſe détachent des ſéches. Et pour cela les métaux qui ſont faits par les Alchymiſtes, ont ordinairement ce défaut d'être aigres & durs & ne ſoufrent pas aiſément le marteau, parce que dans le tems qu'on incorpore le mercure avec les couleurs blanches & citrines en la compoſition de l'élixir, le ſec ſe mêle avec l'humide d'une mauvaiſe maniére & qualité, & ainſi nous voyons que dans la bronze qui ſe fait de mélange de cuivre & d'étaing, étant une compoſition de parties métalliques qui ſe joignant enſemble, ne ſe mêlent point, ni ne s'incorporent, ſi non en nature bégue, auſſi n'eſt point maléable, & ne ſoufre point le marteau, ſe caſſant plutôt que de s'étendre. De sorte que le métal qu'on peut travailler à cause de sa siccité déliée & détachée de l'humide, il faut nécessairement le purifier & le purger de sa terrestréité superfluë, qui n'est point radicale. Pour ce faire on trouve diverses matiéres corrosives, & la meilleure de toutes est la chaleur du feu qui de sa propre nature sépare l'éterogene de ce qui lui est semblable & homogéne n'éxcedant point ni en la qualité, ni en la quantité ni en la tempérance.

CHAPITRE III.

Où est traité de la couleur des Métaux.

LA détermination des couleurs des Métaux n'est pas bien dificile, parce qu'il y en a de trois espéces seulement. Une qui est commune à tous les métaux, est une lueur ou éclat qui paroît comme incorporé avec eux en guise d'une lumiére. La seconde se trouve en plusieurs métaux qui est la blanche, & la plus douce est celle de l'argent, ensuite celle de l'étaing , puis celle du plomb & du fer. La troisiéme couleur est la blonde, & le plus blond c'est l'or, ensuite le cuivre, dont la couleur blonde tire sur le noir brûlé.

Pour ce qui est de la couleur première luisante & réplandissante qui est commune à tous les métaux, il faut savoir que la fin de tous corps clairs est la couleur, mais si un tel corps clair est joint avec cet épais condensé, clair & pur nécessairement une telle couleur resplendit, parce que l'épaisseur du corps retient la lumiére qu'il reçoit.

Ainsi comme la puissance reçoit l'acte dans les œuvres naturelles, de sorte que les Métaux étant luisans & épais par cause d'une humidité épaisse, subtile & pure qu'ils ont tous, doivent être par force réluisans & resplendissans, & d'autant plus lorsque le métal a plus de cette humidité, en le polissant, parce que le métal qui n'est pas poli, les parties qui sont hautes & élevées font ombre aux autres, & la lu-

miére & fplendeur eft détournée, celui qui brille le plus eft
l'or & après l'argent.

Quoique les Alchymiftes afir-
ment que le fer purifié & converti en acier brille comme un
miroir à caufe que l'humide refte
bien difpofé pour être bien poli
& perfectionné, pour raifon que
l'humide reçoit les images & à
caufe de fa perfection les retient
& les repréfente. Et pour cela
quoique l'acier reçoive toutes
les images des chofes comme
l'eau, ne les retient point ni les
reprefente, parce que comme
chofe fpirituelle les reçoit, &
manquant de terme ne les retient point, ni les difpofe dans
un lieu où fe reprefentent paffant
à travers d'icelui, comme par
une cheminée, mais ne leur donne point l'être, comme un corps
déterminé. La couleur blanche

eſt cauſée dans les métaux de l'humide du lieu terreſtre , ſub-til, digeré comme conſte par les eaux. Mais les métaux qui ont un ſec terreſtre , ſale, plein de ſcories & impur, ou ſont gris couleur de cendres ou noirs, comme l'on voit dans la ſuye, & ainſi le plomb tire ſur la couleur de gris de fer , parce que ſon terreſtre eſt auſſi ſale, point brûlé, & l'étain un peu moins, parce que ſon terreſtre eſt moins bourbeux. L'argent eſt très-blanc , parce que ſon endroit de l'humidité eſt terreſtre , ſubtil, pur , bien digeré. Le fer parce que ſon terreſtre eſt ſale , brûlé a la maniére de ſuye, a la couleur noire, & à cauſe de cela fait de la rouille, n'eſt autre choſe, ſi-non la même qui eſt la putre-faction dans les corps , & les choſes douces & tendres, parce

que l'humide étant confumé &
exhalé, le fec refte feul réduit
en cendres, la marque de cela,
eft qu'en y jettant des chofes
brûlantes & cauftiques, comme
du fel, du foulfre & de l'arfenic
fur le fer, fe brûle & engendre
de la rouille & de la fuye. Et il
y a plufieurs chofes qui brûlent
l'argent & point l'or, & nous
voyons que le foulfre jetté brûlant fur l'argent le fait devenir
noir, parce qu'il brûle le terreftre qui eft en lui. Mais en le cuifant avec du fel & du tartre, il
reprend fa blancheur, parce qu'il
purifie le terreftre en féparant de
l'argent le brûlé plein de fuye.

La couleur citrine jaune dans
les Métaux, eft caufée par le
foulfre qu'ils ont, parce que la
chaleur cuifant fortement l'humide qui eft mêlé avec le terreftre, fe convertit en couleur jau-

ne tirant fur le rouge, comme l'on voit dans les opérations Alchymiques, dans les leffives & dans l'urine, fi le terreftre eft pur & l'humide auffi, la chaleur ne peut point les féparer ni les brûler, mais elle les digére & altére la couleur en jaune éclatant, qui eft la couleur de l'or, & pour cela quoiqu'on jette du foulfre fur l'or tout brûlant, il ne peut pas le brûler ni le tacher. Si le terreftre eft impur & mal mêlé avec l'humide, la chaleur qui le digére, le brûle & devient jaune, & en très-peu de tems fe change en noir de couleur de fuye, comme nous voyons dans le cuivre, dont toutes les images, ftatues & vaiffeaux par l'ancienneté deviennent noirs, & y jettant du foulfre fur la fuperficie brûlant le cuivre, fe brûle & fe riffole, parce que le terreftre du

cuivre eſt beaucoup combuſtible,
& étant mêlé avec l'humide s'a-
lume facilement.

CHAPITRE IV.

Des couleurs & ſaveurs des Mé-
taux.

NOus parlerons ici des couleurs & ſaveurs des Métaux,
parce que l'odeur eſt la ſequelle
de la ſaveur , & une eſpéce de
veſtige qu'elle laiſſe après elle.
Cela eſt généralement dans tous
les métaux, qui par le ſoulfre qu'ils
ont, leur ſaveur eſt ſalée plus ou
moins , ſelon la grande ou moindre quantité du ſoulfre, & quoique cette ſaveur aigue , on ne
la ſente ni ſe trouve dans le
plomb & étaing, qui ſuivant l'a-
parence pourroit y être, étant

des métaux doux & tendres.

On découvre même par l'expérience, qu'en buvant de l'eau qui coule continuellement par des caneaux de plomb ou d'étain rougis, elle ulcére les inteſtins & les boyaux. De l'or & du cuivre, on connoît fort bien cette ſaveur & odeur aigue qui ſe trouve dans iceux, étant des Métaux chauds principalement le cuivre dont la ſubſtance eſt aduſte & brûlante, pareillement auſſi les ſaveurs & odeurs des Métaux, ſont généralement puantes, parraport au mélange qui eſt incorporé avec eux.

L'or eſt moins puant ayant fort peu de mélange de ce ſoulfre malin, à cauſe qu'il eſt ſubtil, & que ſeulement il a une onctuoſité temperée, & toutes les autres humidités impures & ſuperfluës ſe trouvent conſumées en lui ; & comme de lui-même est un métal compacte & épais, s'évapore fort peu & jette fort peu d'odeur de sa matiére.

L'argent a son terrestre non brûlé, sinon qu'il peut se brûler, & pour cela s'évapore davantage, & jette de sa matiére plus d'odeur que l'or, mais beaucoup moins que le cuivre, en comparaison duquel, l'argent a la saveur douce, parce qu'il a quelque peu de goût du soulfre.

Dans l'or le soulfre ne sent presque pas, le fer a son terrestre plus mêlé avec les sulfureux; le plomb & l'étain par la grande aquosité, ont les saveurs & odeurs, plus marquées & plus caractérisées; dans les métaux fondans on s'aperçoit & on connoît mieux les saveurs par la vapeur odoriférante qui sort d'eux. Et comme le cuivre est plus facile à s'évaporer que tous les au-

tres Métaux, & après lui le fer,
pour cela infecte davantage les
faveurs & odeurs des eaux qui
naiffent autour de leurs veines,
& ainfi l'eau qui naît dans les mines de cuivre, eft amére & mor-
telle, tellement que mettant du
vin, d'huile, du vinaigre ou d'autre liqueur, excepté l'eau dans
quelque vaiffeau de cuivre fans
être étamé, devienent fi améres &
& défagréables qu'on ne fauroit
les boire. L'eau ne s'altére point
fi-tôt, parce que fa froideur re-
prime & retient les vapeurs du
cuivre, mais fi elle y féjourne
long-tems tant que la chaleur
puiffe pénétrer la fuperficie, l'eau
auffi s'infecte & prend le goût
du cuivre, & pour cela les vaiffeaux de cuivre qui doivent
fervir aux liqueurs, on les éta-
me en dedans.

On doit favoir que quoique

quelques métaux foient reputés
doux en faveur, ils font toûjours
de mauvais goût, mais doux eft
apellé celui qui a de l'acrimonie
& de la puanteur.

Les odeurs & vapeurs des
métaux font féches, & pour cela
font très-propres pour la guéri-
fon des yeux larmoyans, quoiqu'elles foient très-préjudiciables
aux entrailles de ceux qui travaillent à la fonte des Métaux & des
Mineraux, s'ils n'ont pas la précaution de boucher leurs narrines
& la bouche, & de fe pourvoir
des remédes néceffaires, quoique les pierres ayent de l'odeur
& faveur, cela eft plus propre
aux Métaux, gommes & larmes,
comme auffi le Karabe ou ambre
& le Jayet.

CHAPITRE V.

De la cause pourquoi certains Métaux se brûlent & s'enflamment plus les uns que les autres.

UNe des choses qui nous fait mieux connoître les substances des Métaux, est leur facilité ou dificulté à se brûler, c'est-à-dire, voir s'ils se brûlent ou s'enflamment dans le feu ou non.

Pour déterminer cela, il faut savoir que toutes ces choses naturellement se brûlent dans le feu, qui ont une humidité onctueuse incorporée avec elles, mêlée avec une substance terrestre séche, & par cette raison le soulfre étant de cette nature & qualité, est facile à s'enflammer

&

& se brûle promptement. Outre
cette humidité, qui est la premiére, & la plus superficielle du
soulfre, il y en a une autre plus
antérieure qui participe plus de
la naure de l'eau que la premiére.
Le soulfre a aussi une troisiéme
humidité qui est fixée en lui ra-
dicalement, & la complexion est
si incorporée qu'elle ne peut se
séparer de lui, ni de sa substance,
sans se détruire totalement, &
pour cela les Alchymistes purifiant le soulfre par des lotions
réiterées de vinaigre, de lait ou
petit lait de chévre, d'eau de poix
ou d'urine par décoction, & en
le sublimant ils purifient le soulfre
de ces deux humidités qui sont
combustibles & se consument
dans le feu, & consument aussi
le métal en l'évaporant, laissant
seulement le soulfre mêlé avec la
troisiéme humidité.

Tome I.   H

Nous devons aussi considérer
le Mercure, qui est l'autre matiére des Métaux, qui doit être
pur dans son terrestre, bien lavé,
subtil & reçû & défendu par le
bon mêlange de l'humide aqueux,
sans qu'il excéde, ni manque, &
étant bien proportionné en quantité au terrestre, en tel cas il se
défend l'un de l'autre dans le
feu, lorsqu'on les fait fondre,
parce que le terrestre retient l'humide & ne le laisse point évaporer, & l'humide pareillement
humecte le sec & l'empêche de
se brûler & s'enflammer, mais si
le terrestre est mêlé avec quelque matiére boueuse, ou qu'elle
excéde l'humidité, ou qu'elle
soit moindre en quantité, s'alume dans le feu & brûle le métal,
si le soulfre & le vif argent que
les Alchymistes apellent Mercure, n'ont pas ces qualités, &

cette pureté de complexion & subftance, les Métaux où ils font incorporés, fe brûlent, s'embrafent plus ou moins, felon que l'excès eft plus grand ou moindre.

Il y a encore une caufe pourquoi le métal fe brûle & fe confume, qui eft lorfque l'humidité n'eft pas bien digerée & convenable à la complexion du métal, ni achevée, ou par exprès, ou pour n'avoir point la dûe proportion qui eft requife. Par ce qu'étant tel, il s'évapore dans le feu & fe gâte, laiffant la fubftance feule & féche du métal, s'enflâme & fe brûle, de forte que le métal d'autant plus il aura de ces caufes dans fa fubftance & matiére, tant plus facilement il fera difpofé à fe brûler. Et ainfi l'or par la bonne qualité de fon foulfre & mercure mêlangé de fec

& d'humide, n'ayant en foi aucune matiére de celles qui font
caufe que les autres Métaux fe
brûlent, refifte puiffament au feu,
& ne peut être brûlé, quelle
véhémence que le feu puiffe
avoir.

Il y a des matiéres qui purifient beaucoup l'or & le rendent
net comme le fel, la poudre de
brique, de foulfre & d'arfenic.

L'argent, parce que fon foulfre contient un peu d'humidité
aqueufe, qui eft la feconde efpéce, comme nous l'avons dit,
& par conféquent fon mercure
s'évaporant, & cette humidité
venant à fe confumer, les matiéres qui ont la puiffance de
brûler, commencent par la noir-
cir & brûler.

Le cuivre fe brûle facilement
parce que fon foulfre eft beaucoup terreftre, fec & mal mêlé

avec l'humide du Mercure , de
forte que fouvent il arrive dans
les mines de cuivre , qu'aprochant quelques piéces de bois à
la pierre minerale , l'alume par la
grande onctuofité du foulfre.

Le fer fe brûle auffi beaucoup à caufe de la grande terref-
trité du foulfre.

L'étain & le plomb , étant
des Métaux qui ont leur matiére & mercure impur mal purifié
de leur humidité boueufe, graffe,
groffiére & vifqueufe , pour cela
leur humidité a une qualité femblable à celle de l'eau commune , c'eft pourquoi elle s'évapore au feu , & ce qui eft onctueux , fe brûle & brûle en même-tems le métal.

Fin du Livre fecond.

LIVRE III.

DE LA METALLIQUE
où est traité de la Nature particuliére des Métaux, & en premier lieu de la Mine d'or & de sa qualité & vertus.

CHAPITRE PREMIER.

Où est traité de la nature de l'or, de sa qualité & proprieté.

C'Est le sentiment des Philosophes & de tous les anciens Sages, que l'or étant un composé mineral, qui nait dans les entrailles de la terre plus parfaits que tous les autres Métaux,

non-feulement le plus beau &
refplendiffant, mais outre cela,
il a plufieurs autres vertus &
proprietés qui font très-utiles à
l'homme, c'eft pourquoi c'eft la
chofe la plus eftimée & la plus
précieufe parmi les chofes ina-
nimées, pour cette raifon ayant
à traiter dans ce Livre des proprietés & nature des Métaux, il
m'a paru à propos de rendre juf-
tice à l'or, en commençant par
lui, traitant particuliérement de
la maniére en laquelle il eft engendré, & de fes qualités apa-
rentes. Et nonobftant que c'eft
un métal très-connu & fouhaité
de tous les hommes, il y a pourtant fort peu de curieux & amateurs des fciences, qui s'apli-
quent à la connoiffance de fa
fubftance, de fes qualités & proprietés.

Et parce qu'aujourd'hui, non-seulement nos Espagnols, mais tous les autres ne connoissent l'or que de nom par la couleur & superficie qu'il représente, il est à propos que nous disions & déclarions quelle est sa propre matiére ; la matiére de l'or donc, n'est autre chose que des substances élémentées, avec égale quantité & qualité proportionnées entr'elles, lesquelles se mêlent avec force égale, se fait un aimable & parfait mêlange, lesquelles substances se cuisent, se fermentant & digerant, se rendent fixes & permanentes, de telle maniére qu'elles sont presque inséparables, ne pouvant être divisées ni séparées par aucune force, & finalement par la vertu du Ciel ou par la suite du tems, ou par l'ordre & concert de la Nature ou de toutes ces choses jointes ensemble, ces substances

se

ſe convertiſſent en un corps métallique apellé or , lequel par ſa
grande température & très-par-
faite union & incorporation ſe
rend ſi condenſé, épais & compacte, que non-ſeulement il a une
permanence commune comme
toutes les autres choſes corpo-
relles, mais encore une certaine
exiſtence qui paroît incorruptible , n'ayant en ſoi aucune cauſe ſuperflue, ni en grande ni en
petite quantité , & de-là vient
que l'or, quoiqu'il ſéjourne long-
tems dans l'eau, ou dans la terre
n'engendre point de la rouille,
ni mouſſe ni moiſiſſure , parce
qu'aucun de ſes deux élémens,
ne lui nuit, ni même le feu ne
peut l'endommager, & quoiqu'il
ſoit un élément ſi fort qu'il reduit tout en cendres, ou en air
& fumée, l'or ſeul lui réſiſte,
reſtant toûjours plus pur & net.

Outre cela son parfait mêlange
fait que le corps de l'or est sans
phlegme, & sans onctuosité super-
flue & excessive, & pour cela il
est toûjours brillant & clair, avec
sa couleur naturelle, si net qu'en
le maniant & le frottant avec les
mains ne tient point comme font
les autres Métaux, ni ne jette
aucune couleur ni saveur de son
corps dont l'homme puisse s'en
apercevoir, & étant avalé vo-
lontairement, ou par cas fortuit
n'empoisonne point, comme
font plusieurs autres Métaux, &
il est plutôt une médecine salu-
taire pour plusieurs maladies ca-
pitales. Parmi les vertus que la
Nature lui a communiquées, il
a une faculté particuliére pour
conforter le cœur foible, pour
engendrer la joye & le coura-
ge, laquelle vertu, disent les
Sages, qui lui est donnée par les

influences benignes du Soleil.

Les hommes riches qui en ont beaucoup dans leurs caisses pourront en faire les épreuves susdites.

Pour conclusion, l'or est un corps métallique, malléable, luisant, resplendissant, semblable en sa couleur à celle qui représente les rayons éclatans du Soleil, & il a en soi une certaine vertu naturelle d'atirer parce qu'étant vû, dispose les hommes à le souhaiter, & outre cette vertu il en a d'autres qui le rendent plus précieux, quoiqu'il y ait plusieurs hommes qui sont très-mécontens de lui, & qui pestent contre lui, l'apellant semence pestilentielle & monstrueuse d'avarice, la source & la cause de tous les maux & malheurs qui arrivent.

CHAPITRE II.

Qui pourſuit la nature & généra-
tion de l'or. En quels lieux il
ſe trouve.

LE Métal de l'or s'engendre en pluſieurs endroits, en Scythie, en Orient, & en plus grande quantité dans les Indes de Portugal & dans celles du Ponent; l'endroit le plus riche eſt le Pérou qui eſt de l'Empire de ſa Majeſté Catholique le Roi de Caſtille, Don Philipe nôtre Seigneur.

Il y en a auſſi dans l'Europe, comme en Sileſie, Boheme & Hongrie, & Pline a écrit qu'il y en a en Autriche & Portugal; je crois même qu'il y en a dans tous les lieux & endroits où le

Ciel influe ſes diſpoſitions élémentaires.

Ayant à traiter de cette matiére, je dirai mon ſentiment & ce que j'ai vû de mes yeux. Je dis donc que l'or s'engendre dans diverſes eſpéces de pierres dans les montagnes eſcarpées, rudes à monter, ſans terres & ſans arbres, ni herbes, deſquelles pierres, la meilleure eſt celle qu'on apelle Lapis-Lazuli, couleur d'azur ſemblable au Saphir, mais moins dure & moins tranſparente.

On en trouve auſſi dans l'orpiment & en compagnie du fer, cuivre & argent, & autres Métaux, dans les ſables des ruiſſeaux & riviéres, dans des Provinces particuliéres & remarquables.

L'or qui ſe trouve dans les montagnes & pierres, eſt en maniére de certaines filets enchaſſés

entre la pierre, & la pierre de
Lapis-Lazuli, cette mine eſt très-
bonne, lorſque la pierre eſt peſante foncée en couleur & par-
ſemée de pailletes d'or.

On aſſure que l'or s'engendre
auſſi dans une certaine eſpéce
de marbre amorti, & dans le
jaſpe jaune ayant des taches rou-
ges.

Il s'engendre auſſi dans de
certaines pierres noires ſembla-
bles aux cailloux des riviéres,
s'engendre auſſi en certaine terre,
comme de bitume gluante, qui
eſt comme de l'argille ou terre
graſſe, laquelle terre eſt peſante,
ayant quelque peu d'odeur de
ſoulfre. Et l'or qu'on trouve dans
cette terre eſt très-fin, quoiqu'il
ſoit pénible pour le ramaſſer,
parce qu'elle eſt très-menue, de
ſorte qu'on ne ſauroit la diviſer,
cet or eſt apellé or de Tibar ou

Etar, c'est-à-dire or fin & pur.

L'or est engendré aussi dans les sables des Riviéres, comme dans le Tage, grand Fleuve d'Espagne, qui se décharge au-dessous de Lisbonne dans la Mer Atlantique, dans le Guadalquivir, grande Riviére large & profonde d'Espagne, dans Darien, Riviére de l'Amérique Méridionale, dans Penal en Italie, dans le Tesin, Riviére du Duché de Milan, dans l'Ada, Riviére d'Italie, dans la Lombardie, dans le Pô, Riviére large & profonde du Piémont, dans le Gange, Riviére d'Asie, la plus grande des Indes Orientales, qui les sépare en deux & dans plusieurs autres Riviéres, lequel or ne s'engendre point en tous les endroits des Riviéres, sinon en quelques courans d'eau, ou par le débordement des eaux en hyver, fe forment des bans de fable menu, avec lequel l'or eft mêlé en grains très-petits.

Les Auteurs en parlant de cette matiére ont fait naître des difputes & queftions parmi les hommes favans, car les uns difent que l'or s'engendre dans les mêmes Riviéres parmi le fable, & les autres foûtiennent qu'il eft engendré dans les veines & mines des montagnes, & que les pluyes les entraînent dans les Riviéres & Ruiffeaux profonds.

L'opinion la plus véritable & la plus certaine eft, ce me femble, que l'or s'engendre dans les veines des montagnes, par plufieurs raifons que je ne raporte pas ici.

L'or s'engendre auffi dans le fandarac, la crifocole, le borax naturel, le vitriol ou couperofe, dans les pierres à fufil & quel-

quefois pur & d'autre fois mêlé
avec d'autres métaux, il se trouve aussi dans la marcasite, mais
ordinairement très-peu. La meilleure marque de la mine & veine de l'or, est lorsqu'on y trouve de l'orpiment.

La mine riche de l'or est celle
que pour le moins de cent livres,
ou un quintal de terre donne
trois onces d'or pur & fin, &
l'argent de cent livres de terre
ou pierre pour être bonne mine
doit donner trois livres d'argent.

L'or qui se trouve dans les
Riviéres, c'est le sentiment de
plusieurs Savans, qu'il est de
trois espéces, parce qu'on n'en
trouve plus, & il est meilleur dans
les Riviéres & Ruisseaux qui ont
leur source du côté du Levant,
& quelle région que ce soit, &
courent vers le Ponent, lavant
les pentes des montagnes & les

rochers qui sont vers le Nord,
& à côté du Midi, & du côté
du Ponent ont des plaines &
campagnes plates.

Dans le second rang sont les
Riviéres & ruisseaux qui ont
leur source au Ponent & courent vers le Levant, & lavent
les pentes des montagnes qui
sont au Nord, & ont un terrain
plat au Midi.

Le troisiéme degré ont des
Ruisseaux dont la source est au
Nord, & courent vers le Midi,
& baignent les pentes des montagnes qui sont du côté du Levant.

Mais dans les Riviéres qui
ont leur source au Midi, bai-
gnant les pentes des Montagnes
qui sont du côté du Ponent, &
courent au Nord, on ne trouvera jamais si grande quantité
d'or ni qu'il s'y en engendre.

Quoiqu'Agricola dans le Livre qui parle de la génération, & cause des Métaux, & de tout ce qui s'engendre dans la terre, disputant contre Albert, dit qu'il ne repugne point au bon sens, ni hors de raison, ni contraire à l'expérience que l'or se trouve & s'engendre en quelle que ce soit disposition où se trouvent les Riviéres qui naissent & courent de l'endroit quelque ce puisse être.

CHAPITRE III.

Dans lequel est traité de la génération de l'argent, de sa qualité & vertu.

Touchant la génération de l'argent, il y a des contestations parmi les Savans & les Doc-

tes en cet Art. Parce que les uns
difent qu'il a une veine propre &
une mine particuliére, où il s'engendre & naît, les autres difent
que non. Mais confidérant aten-
tivement & prudemment, il paroît qu'ils parlent mieux que ceux
qui difent que oui, puifqu'il eft
vrai que nous voyons la matiére
de l'argent féparée & diftinguée,
& outre cette expérience, que
plufieurs fois l'or, le cuivre & le
plomb, fe trouvent purs & nets
dans la mine, n'ayant aucun mêlange d'autre métal & en fi grande quantité, ainfi que l'écrit
George Agricola & Biringuccio le raporte que le Duc de
Saxonie fit faire une table d'un
feul morceau d'argent fin, qu'on
trouva dans une mine, fans
qu'aucun Maître Artifte y mît la
main, étant faite naturellement
en forme de table d'argent très-

pur & net. Et dans mon tems
j'ai fçû de bonne part que dans
la mine Guadal, Canal en Efpa-
gne, on a tiré de l'argent de
toute finelle & pureté, Biringuccio afirme n'avoir jamais vû
métal qui fortît de la mine pur
excepté le cuivre, mais il ne paroît pas hors de raifon qu'il y en
ait & qu'il fe trouve purifié ;
& de-là s'enfuit que plus il y a
de mêlange de Métaux dans l'argent en la mine, d'autant plus
font diférentes, & fe changent
les fumées, les teintures & les
couleurs, qui font à nôtre vûë des
marques, des endroits & lieux
des mines, & de la qualité &
nature du Métal qui eft en bas,
& de fa pureté & finelle, parce
qu'un châcun, fuivant fa nature
& couleur, marque dans les pierres la qualité du métal, d'où
communhément il provient, &

laissant les autres Métaux à part.
Les Philosophes & les Naturalis-
tes disent que l'argent s'engendre d'une substance plus de nature d'eau, que de feu, de plus
grande perfection que les autres
Métaux, excepté l'or, qui est
d'une plus grande pureté, en ce
que la lumiére & l'influence du
Soleil excéde celle de la Lune.

L'argent s'engendre dans une
pierre dure de marbre blanc ou
gris blanchâtre.

Il se trouve aussi dans la pierre
noire, lorsqu'il est mêlé avec or,
ou fer, & dans la pierre verte,
lorsque par hasard il se mêle
avec du cuivre. La pierre ou miniére de l'argent est beaucoup
pesante, & lorsqu'elle est parse-
mée de petits grains fort menus
& luisans, elle est d'autant plus
pure & fine.

Lorsque la mine est de pierre

blanche, & couleur de plomb, elle eſt beaucoup meilleure parce qu'elle ſe ſépare de la pierre, ſe fond & ſe débarraſſe du plomb plus facilement; on eſtime auſſi très-bonne celle qui ſe trouve au commencement de la mine, & ſur la ſurface de la terre, & celle qui eſt griſe & fort obſcure & profonde, & qui pouſſe dans les rochers : quelques-uns l'eſti-ment la plus riche & la meil-leure.

La marque principale de la richeſſe de la mine d'argent, & de tous les autres mineraux eſt les pirites & marcaſites, laquelle d'abord paroît ou deſſus le mine-ral toute ſeule ou ſéparée, ou envelopée dans la miniére ou mêlée dans le métal.

Laquelle marcaſite plus elle eſt jaune & plus elle eſt ſembla-ble à l'or, d'autant plus montre de la chaleur, & eſt facile à ſe brûler, ce qui eſt contre la qualité & nature des métaux ; ainſi la connoiſſance la plus ſure de cette mine eſt la couleur de cette marcaſite, parce que ſi elle eſt beaucoup jaune, la mine eſt très-pauvre de métal, & moins elle eſt jaune plus elle eſt riche. Et ſi la mine eſt blanche elle eſt riche de métal, ayant des grains menus & en petite quantité. On trouve ſouvent une mine de métal, qui, quoiqu'elle ſoit groſſe a peu de vertu, & par raport à la dureté de la pierre, la dépenſe excéde le profit. On trouve ordinairement l'argent avec du cuivre & du plomb, & ſouvent s'engendrent avec l'argent des ſubſtances métalliques aduſtes, beaucoup aqueuſes, tout ainſi comme eſt le ſoulfre & le mercure, ou le mercure non fixe, qu'on apelle

apelle arfenic, & l'argent étant mis à fondre dans le feu, le foul- fre le brûle, l'arfenic le corrompt & le fait aller en fumée, de for- te qu'il ne refte que des fcories de fa terreftreité, & pour cela dans le tems qu'on le fond, il faut mettre avec le métal des fondans, qui le faffent liquéfier d'abord en le défendant du feu.

Biringuccio dit, & l'expé- rience nous le prouve affez, que lorfqu'on ouvre la mine, on trouve d'abord de la marcafite & autour le minéral, il faut ceffer le travail parce que c'eft une marque que la mine eft fuper- ficielle, & qu'elle contient fort peu de métal.

Plufieurs prétendent & veu- lent que la richeffe de la mine commence en la fuperficie de la terre, certainement : ce feroit une bonne affaire, parce que nous

travaillerions toûjours aux dépens de la mine & non de notre
bourſe , mais cela arrive très-
rarement que les mines ſoient
bonnes à la terre, c'eſt-à-dire,
au commencement & qu'elles
ſoient naturellement bonnes &
fixes juſqu'au fonds & de durée.

Il faut remarquer le métal qui
ſe trouve ſur la ſuperficie de la
mine , & s'il eſt bon , on doit
aprofondir tout au moins ſix ſta-
des , & ne trouvant point la veine & la ſource , ne ſurvenant
aucune nouvelle cauſe , il faut
ceſſer le travail , parce qu'il eſt
incertain de la trouver en fouillant plus avant , & la dépenſe
augmente beaucoup, on ne ſauroit donner aucune régle certaine ſur cela , on peut ſe tromper quelquefois & travailler en
vain & quelquefois non.

CHAPITRE IV.

*De la nature du cuivre, du lieu,
& de la maniére qu'il eſt
engendré.*

Tous ceux qui écrivent & ſont expérimentés en la connoiſſance du cuivre & des mines de ce métal, diſent & avouent que le cuivre ainſi que les autres Métaux, s'engendrent dans les rochers & pierres des montagnes, d'une ſubſtance élémentaire terreſtre avec peu d'aquoſité & proportion & accord des autres qualités des ſubſtances néceſſaires gouvernées par l'influence de la Planete Vénus ♀ avec de certaines qualités que la nature a aſſemblé dans tous les Métaux qui ont la vertu &

la force de produire & engendrer ; & parce que les subſtances
dont le cuivre eſt engendré ne
ſont pas auſſi pures, ni auſſi ſub-
tiles que celles de l'or & de l'argent, pour cela elles ne peuvent
pas faire un ſi bon mêlange &
digeſtion. Et de là vient que les
Philoſophes diſent que le cuivre
eſt un métal chaud & ſec, &
dans le tems que la ſubſtance
s'engendre, elle eſt quelque peu
aduſte & brûlée & facilement
s'enflamme, cela eſt cauſe que
ce métal eſt rouge, & le mauvais mêlange de ſes ſubſtances
qui le compoſent eſt cauſe qu'il
eſt un métal imparfait, & pour
cela tous ceux qui connoiſſent
& travaillent ſur ce métal ſavent
par expérience que lorſqu'ils le
trouvent ſeul & ſans mêlange
d'autre, en le travaillant, il ſe convertit en ſcories, & ſe tourne

facilement au feu en chaux, &
pour cette raison on l'apelle métal maigre, terreſtre & vil, &
quoiqu'il paroiſſe que cela ſoit
contraire à la diſpoſition qu'il a
d'être obéiſſant à l'Artiſte pour
le travailler au tour, & d'en faire
tout ce qu'il veut, eſt une choſe
poſſible par l'onctuoſité Métallique minérale. Et laiſſant cela
à part comme choſe inutile à la
pratique, je dis que le cuivre
naît & s'engendre dans les minéraux de diférente couleurs &
de pierres très-diverſes avec leſquelles on trouve ſouvent du
plomb, de l'argent & de l'or
mêlé.

Lorſque le cuivre vient ſeul
& ſans mêlange, on le connoît
en ce que la miniére n'eſt point
de couleur bleue ni jaune.

La mine de cuivre riche ſe
connoît par les fentes de la pier-

re & rupture des veines où il naît,
parce que par fa chaleur exceffi-
ve, il difcontinue les veines &
les fubftances humides, & parce
que bien fouvent on fe trompe
à la vûe ne pouvant pas pénétrer
au fond de la mine, il faut pour
cela que l'effai nous faffe connoître ce qu'il y a dans la terre.

Ainfi il faut prendre de la
pierre de la mine de la fuperficie
de la terre & l'examiner, & fi
elle eft de couleur bleue, couleur d'eau, dans une pierre grife
parfemée de veines vertes ou de
couleur jaune, on doit en efpérer un grand profit & la regarder comme très-riche ; mais fi
avec les autres couleurs la pierre
étoit de couleur morte & pale,
la mine fera reputée pauvre.

La véritable marque pour la
chercher & la trouver, c'eft de
voir fi les pierres des montagnes

découvertes ont quelque brillant, & reluisent comme le talc qui est une terre dont les Potiers se servent pour donner la couleur d'or ou d'argent à leurs pots & vaisseaux pour boire, & qui sont fort minces & de diverses couleurs, de laquelle terre on en consume beaucoup en Portugal, à Kamore & aux environs.

Il faut ensuite considérer les ruisseaux & les marais qui coulent par les montagnes, si l'eau est verte & a saveur de métal, & si dans l'Eté sont fort froides, & dans l'hyver beaucoup chaudes & tiédes, & si où elles reposent & séjournent, elles laissent un fond une certaine putrefaction verte, gluante & grossiére.

De ce métal on en fait le léton & la bronze en le teignant avec une terre qu'on apelle Gia-

lumina , chalemic , ou avec de
la tutie , & il se convertit en
chaux , & se met en poudre avec
le soulfre & le sel ; on le rend
blanc avec l'étaing en les mêlant ensemble , & le fondant
avec l'arsenic ou avec quelques
autres espéces métalliques veni-
meuses.

Il y a certains Artistes fort habiles qui , par une certaine maniére sécrete , tirent du cuivre
une certaine partie d'or , qui ne
se peut séparer par la fusion, &
disent que cet or se trouve naturellement dans le cuivre, &
qu'il ne s'en trouve jamais sans
quelque peu d'or.

C'est une très-bonne marque
si en fouillant la mine on y trouve de la couperose ou de la chri-
socole (qui est du borax) ou cha-
latis misi. (qui est une espéce de
couperose) ou la terre noire ,

dont

dont se servent les Ménuisiers pour marquer leurs mesures sur le bois, dont on en peut faire aussi de l'encre.

CHAPITRE V.

De la génération & nature du Plomb.

LE plomb par l'abondance de son aquosité, & par le mauvais mêlange des substances & choses qui contribuent à sa génération, est un métal impur, imparfait, point fixe, ce qu'on connoît par sa facilité à se liqué-fier, par la grande quantité de scories & terrestreïté qu'il laisse étant fondu & par la grande noirceur qu'il a, puisqu'en le touchant il teint les doigts, & avec tout cela c'est un métal

Tome I.   L

très-utile & profitable, comme
l'expérience nous le fait voir :
abſolument ſans lui il ſeroit impoſſible de ſéparer l'argent du
cuivre, ainſi que l'or, & nous ne
pourrions nous ſervir des pierres
précieuſes & les travailler ſans
ſon ſecours.

Les mines de ce métal ſe trouvent & s'engendrent en pluſieurs
endroits, & dans des pierres &
terres diférentes, il s'y trouve pur
ſans mêlange , ou mêlé avec or
ou argent ; communément il naît
dans une pierre ſpongieuſe, groſ-
ſiére, blanche , marbrée, avec
certaines taches menues tirant
ſur le noir , très-dure & dificile
à rompre.

Ce métal s'engendre auſſi dans
la pierre griſe cendreuſe, comme nous le voyons dans l'Anda-
louſie, & dans les Royaumes de
Murcie & Grenade où il y en a,

mais la meilleure mine de plomb
eſt celle qui vient dans la pierre
blanche avec des grains menus
ou clairs, ou en forme de certaine terre déliée qui en remuant
le métal s'en ſépare facilement.

C'eſt un métal qui ſe tire facilement de la terre, ſe fond &
ſe ſépare du mineral avec facilité.

Le plomb ſe réduit en chaux
dans le fourneau de reverbére,
ou étant fondu avec du ſoulfre
ou avec du ſel ou arſenic. C'eſt
un métal qui s'allie avec tous les
autres Métaux, & s'en ſépare
facilement, excepté de l'étain.

La meilleure marque pour
connoître ſi la mine de plomb
eſt riche, c'eſt lorſqu'on aperçoit
dans la mine de l'eſſence d'argent, apellée communément litarge d'argent.

CHAPITRE VI.

De la nature & génération de l'Etain.

L'Etain eſt un métal ſembla-ble à l'argent en ſa couleur, & en ſa dureté au plomb

Ce métal eſt le venin & le poi-ſon de tous les métaux, telle-ment qu'avec ſa ſeule odeur, quoiqu'il ne ſoit point mêlé avec eux, il les trouble & les fait changer de couleur, principale-ment l'or & l'argent, & rend le cuivre & le fer caſſans, le ſeul plomb n'eſt point altéré par lui, ayant une nature ſemblable à la ſienne, à ce qu'il paroît, & pour cela on nomme l'étain du plomb blanc.

C'eſt un métal qui, où il eſt

engendré se trouve toûjours en grande quantité ; le plus blanc est le meilleur, & ainsi, étant rompu , on s'aperçoit qu'il est granulé & crêpu, ou étant mordu , il craque tout ainsi que font les glaçons étant rompus.

Les mines de l'étain se trouvent en peu d'endroits ; c'est en Europe où il y en a le plus : celui d'Angleterre passe pour le meilleur, il s'en trouve aussi en Flandre, dans la Bohéme & dans la Barbarie. Ce métal naît dans les montagnes entre certaines pierres blanches , tirant sur le jaune ou gris obscur, il s'engendre aussi dans une pierre spongieuse semblable à la pierre où s'engendre le plomb.

CHAPITRE VII.

De la nature du Fer & de sa génération.

LE fer est un métal bâtard, & le plus utile de tous les Métaux, il est d'une substance terrestre, grossiére & forte qui, par sa grande siccité, s'adoucit dans le feu, plutôt que de se fondre, & par sa porosité & mauvais mêlange, il engendre la rouille, & en le travaillant il se met en écailles, & se convertit en scories, lorsqu'il est mêlé avec l'étain, il se casse & on ne peut point le travailler. L'endroit où s'engendre l'or est un seul & d'une qualité particuliére.

La bonne mine de fer doit être claire & ferme, pesante,

ayant beaucoup de grains, nette
de pierres & de terre & de mêlange d'autre métal : fa meilleure couleur eft la noire ; & celle
qui eft comme la pierre d'aimant,
ne vaut rien, parce qu'il y a du
cuivre mêlé. Il y a quatre fortes
de mines de fer : La premiére eft
une pierre claire & pefante. La feconde eft de certains grains menus & luifans qui fe brifent en maniére de poudre de farine, celle-
là n'eft pas trop bonne. La troifiéme eft noire avec les grains gros
comme la pierre d'aimant celle-
ci ne vaut rien. La quatriéme qui
eft noire & qui a les grains menus
eft raifonnable plus ou moins
fuivant la couleur & forme de
la pierre en laquelle elle fe trouve. Si le métal qui fe mêle avec
le fer eft en petite quantité, en
lui donnant un feu violent, il fe
confume & fe nettoye ; & s'il y

L iiij

en a en quantité on le féche & on le purifie le mieux qu'il eft poffible, & le feu fert pour le fondre pour en faire des balles d'artillerie, plus il a de métal étranger avec lui, plus il eft caffant, & fragile comme le verre.

Le fer s'engendre ordinairement dans les montagnes, où il y a des bonnes eaux & en grande quantité, & l'air y eft bon. Il naît auffi dans la pierre blanche marbrée, mais peu fouvent, & avec grande dificulté il fe fait fer doux.

Ce métal s'engendre auffi envelopé dans une terre rouge deliée, caffante, qui a quelques taches noires, & des grains jaunes luifans, auffi dans une terre jaune en façon de mortier, mais cette miniére n'eft pas bonne, & on ne doit point perdre fon tems à la fouiller.

La meilleure marque de la bonne mine de fer, & pour connoître si elle est riche, est celle où on trouve du bol d'Armenie, ou une terre rouge, qui en la frottant ou en la passant sous les dents ne craque point comme la terre.

Le Païs où il se trouve plus grande quantité de fer, c'est en Italie, & le meilleur est celui qui vient (à l'Isle d'Elbe sur la côte de la Toscane) & ensuite celui de la Biscaye en Espagne.

CHAPITRE VIII.

Où est traité de la nature de l'Acier.

L'Acier, quoique quelques-uns soutiennent être un mineral & métal distingué & de diférente espéce que le fer, paroît par

le témoignage des Artiftes &
Ouvriers qui le travaillent, qu'il
n'eft pas tel.

L'acier n'eft pas autre chofe,
finon un métal qui fe fait du fer
purifié & netoyé par l'art, & à
force de feu, cuit & digeré, &
réduit au parfait mêlange & qualité qu'il avoit en l'adouciffant &
altérant ; la premiére ficcité qu'il
avoit naturellement par un peu
d'humidité nouvelle, que l'at-
traction & vertu de quelques fubftances convenables qui font incorporées dans les chofes qu'on
mêle avec le fer, lorfqu'on le
fond, lui communiquent pour fe
convertir & réduire en acier,
devenant un métal plus blanc,
& plus compacte, de forte que
la premiére nature du fer fe fépare prefque de lui ; & lorfque,
dans la fufion, les pores du fer
font bien dilatés, étendus & ren-

dus souples par la force du feu, éteignant sa chaleur naturelle ou ordinaire avec la froideur de l'eau, il devient une matiére dure & cassante, de sorte qu'elle se rompt facilement & se met en piéces au premier coup de marteau qu'on lui donne.

L'acier peut se faire de toutes sortes de mines de fer, quoique les unes soient meilleures que les autres, & sur tout lorsque le fer est pur sans mêlange & facile à fendre & plus dur.

Nous enseignerons ailleurs la maniére de faire l'acier.

CHAPIRTRE IX.

Du Soulfre, du Laiton & de leurs qualités.

TOut ainſi que, du fer ſe fait l'acier à force de feu, fondus & mêlés avec des choſes particuliéres ; de même, du cuivre ſe fait le laiton en le fondant & le mêlant avec d'autres choſes ſimples particuliéres, comme par exemple avec la gialamina ou calamine ou la tutie.

On le teint en pluſieurs endroits principalement en Flandre, à Cologne, à Paris, à Milan, avec une certaine terre qui vient dans de certaines mines & veines particuliéres qu'on nomme Gialamina ou calamine, qui eſt de couleur jaune.

Pline dans son Histoire Naturelle, l'apelle oripeau ou airain & il assûre qu'on le trouve dans sa propre mine, chose qu'on n'a jamais vû dans nos tems, ni n'en avons aucun autre témoin.

Comme le cuivre se teint, & comme on fait le bronze, nous l'enseignerons en son lieu, parce qu'ici nous traitons seulement de la naure des Métaux & du lieu où ils sont engendrés.

Fin du Livre troisiéme.

LIVRE IV.

Où est traité des demi-Mineraux, de leur nature & propriété & du lieu où ils font engendrés.

CHAPITRE PREMIER.

Où est expliqué ce que c'est que demi-Mineral.

Ayant traité des Métaux, il convient dans cet endroit dire quelque chofe des demi-Mineraux avant que de paffer outre. On les apelle ainfi, parce qu'ils ne font ni pierre ni métal, dont il y a plusieurs espéces.

Ceux qui font semblables aux pierres, font terrestres, durs & dificiles à fondre, lesquels ne font utiles que pour la peinture.

Il y a d'autres demi-mineraux qui se fondent facilement tout comme le métal, & de cette espéce font le soulfre, l'alcohol, la marcasite, la chalemie, la tutie, la cadmie ou calamine, le safre, le manganese & les autres semblables.

Il y en a d'autres de qualité & nature de l'eau, quoiqu'ils soient épaissis & ayant corps, ils se dissoudent en eau, moyennant quoi ils font réduits en leur perfection. Toutes les espéces de sels font de ce nombre comme le vitriol ou coupérose, l'alun, le nitre & le mercure. Tous ces demi-mineraux, ou la plus grande partie, font naturel-

lement difposés, & ont une vertu
fort corrofive, deffícative, brûlante & vénéneufe.

Après les avoir tirédes mines
& veines où ils font, on les travaille en diverfes maniéres, on
les prépare, on les cuit, comme nous dirons de châcun en
particulier & en fon rang dans
les Chapitres fuivans.

CHAPITRE II.

Du Mercure ou vif-argent, & de
la maniére qu'il eft engendré dans
les entrailles de la terre.

LE vif-argent ou mercure eft
un corps d'une matiére coulante & qui eft prefque comme
de l'eau, d'une blancheur brillante, compofé par la nature
d'une fubftance vifqueufe & fubtile

tile avec abondance d'humidité & froideur, difposée à être
métal, felon le fentiment des
Philofophes & des Chymiftes,
qui difent être la femence &
commencement de tous les Métaux, qui n'ayant point la chaleur & ficcité néceffaire, ou
le tems déterminé & convenable, n'a pû fe congêler & eft
demeuré imparfait, ayant feulement la forme du métal.

Les Anciens l'ont apellé Mercure, parce qu'il eft moyen entre
les Métaux parfaits, ainfi comme les Poëtes difent que Mercure étoit médiateur parmi les
Dieux.

En le fublimant & mêlant avec
le foulfre, on en fait le cinabre ou
vermillon, & en le fublimant
avec le fel armoniac on en fait
le fublimé corrofif.

Ordinairement il s'engendre

dans une pierre blanche, pâle ou semblable à la chaux, ou dans la pierre couleur de cinabre, ou vermillon, qui eſt ſpongieuſe comme de la pierre ponce ; & dans le trou & creux de la pierre, il naît en forme de goûte d'eau.

Toutes les montagnes où il s'engendre ſont abondantes d'eau & de forêts toufuës & verdoyantes, couvertes d'herbes fraîches bien vertes & en grande abondance, parce qu'il eſt un minéral très-froid, & il ne s'exhale ni ſort de ſa matiére aucune fumée ſéche comme font le ſoulfre, la couperoſe & le ſel. Mais ces arbres ne portent point de fleurs ; & ſi par haſard ils en ont, ils ne mûriſſent point, ni ne font aucun fruit, ils pouſſent des feuilles dans le Printems plus tard que les autres, ce qui paroît extraordinaire. On connoît où il y en

a dans les mois d'Avril & Mai.
Le matin, avant le levé du Soleil,
lorſque le tems eſt calme & ſe-
rain, il s'éléve de certaines fumées & vapeurs, groſſiéres &
épaiſſes des endroits des mines,
qui par leur peſanteur montent
fort peu haut, & par cette marque on le tire de la terre ; & on
aſſûre que c'eſt une expérience
certaine que ſi la veine va droit
au Nord, elle eſt fort riche.

La maniére comment on tire
l'argent-vif & tous les autres
demi-mineraux, nous en parlerons dans un autre endroit plus
convenable.

CHAPITRE III.

Du soulfre, de sa nature & qua-lité & du lieu où il est engendré.

LE soulfre est un mineral très-connu, qui se produit & & s'engendre d'une substance terrestre, onctueuse, très-chaude, semblable à celle du feu, néanmoins il a une certaine por-on & partie d'humidité, comme chose nécessaire à tout corps mixte, laquelle humidité le fait fondre facilement & paroître métal.

Le soulfre se trouve en plusieurs endroits de diférentes couleurs, blanche, jaune, citrine, verte, grise & noire. On dit aussi qu'on le trouve rouge comme le cina-bre, il n'est point dans les mines par veines, comme les autres Métaux, parce qu'il y a des montagnes qui font toutes de foulfre, comme dans les Ifles Eolides, dans la Sicile, dans le Mont-Ethna ou Mont-gibel, à Pozole & S. Philipe dans le Siennois.

Sa fubftance eft fi fixe & pure qu'en aucun tems elle ne fe corromp ni par chaud ni par humidité, quoiqu'on le tienne dans l'eau pendant très - long-tems, il ne s'amollit point ni n'augmente, il ne diminue point de fon poids, c'eft une matiére très-caffante; on peut la réduire en poudre impalpable.

L'odeur de l'ail l'amollit & le rend impalpable.

Sa miniére eft plûtôt terre que pierre, fa mine fe connoît par l'odeur forte qu'elle pouffe, & par les fources & fontaines d'eau chaude qui découle de ces en-

droits. Le faisant bouillir dans
une lessive de cendres avec beaucoup de chaux, il devient très-
blanc, & ne peut point s'alumer
ni brûler.

CHAPITRE IV.

De l'Antimoine ou Alcohol, de sa nature & qualité & du lieu où il est engendré.

L'Antimoine est une composition de substances que la nature avoit assemblées pour créer
quelque métal avec abondance
de matiére chaude & séche, &
avec un mauvais mêlange d'humidité, qui sont tous des effets
contraires à la composition du
métal, & par ainsi c'est un monf-
tre métallique, ou s'il est possible qu'il soit une matiére dispo-

sée à se faire & réduire en métal, elle a été corrompuë & empêchée de l'être.

La mine de ce demi-mineral se trouve dans les montagnes d'Italie & d'Allemagne, elle sert pour faire les miroirs, & pour mêler avec le métal des cloches afin qu'elles ayent meilleur son; & ce secret vient des Vénitiens qui s'en servent beaucoup ; il guérit les playes invéterées & préserve de corruption, & il est bon pour être apliqué à diverses maladies : & avec icelui on vernit les vaisseaux de terre de diverses couleurs.

CHAPITRE V.

De la Marcaßite des Métaux,
de ſa nature & qualité, &
du lieu où il s'engendre.

LA Marcaßite eſt de pluſieurs eſpéces, parce que châque métal, crée, engendre la ſienne, & je crois que la marcaßite n'eſt autre choſe que la matiére ſeconde, & les menſtruës de la conception des Métaux, qui par défaut de tems ne ſont point parvenus à leur perfection & nobleſſe ; ou c'eſt une vapeur & fumée qui monte des miniéres de la terre, qui s'attache & adhére aux pierres & aux rochers.

On en trouve de diverſes couleurs, dorées, argentées, formées en grains, quarrés en maniére

niére de dez , entrelaſſées les unes dans les autres dans la roche , en les frottant & en les fondant jettent une odeur de ſoulfre, la menuë eſt eſtimée la meilleure par ceux qui ſe connoiſſent en mines, on la nomme autrement Pirites.

Il y a une autre eſpéce de marcaſſite qu'on apelle magneſie, qui eſt fort groſſe & brillante dont on fait des miroirs comme du criſtal , celle-là eſt toûjours la guide de tous les Métaux.

CHAPITRE VI.

De la nature & qualité du Vitriol, ou Couperose, de quelle maniére & comment il naît & où il s'engendre.

LE Vitriol-Romain est une substance minérale par l'exhalaison & fumée de laquelle quelques-uns disent que s'engendrent & s'unissent les matiéres & substances élémentaires, qui produisent & créent les autres Métaux, spécialement l'or.

Ce vitriol ou couperose n'est point vapeur de métal, quoiqu'il paroisse qu'il en a quelque peu d'odeur, il est toutefois très-semblable à l'alun. Il a une substance ou proprieté mortificative & âpre, astringente ou goût qui pique la langue, il se résout facilement dans l'eau, & très-vîte en lieu humide.

Il est de telle qualité qu'il participe de cinq proprietés métalliques, parce qu'il a la proprieté du soulfre, fait l'effet de l'alun, ronge & corrode comme le sel-nitre & le sel.

Parmi les Métaux il paroît avoir la proprieté du cuivre & du fer. Sa mine se trouve dans les champs & dans les forêts qui ne sont point rudes à monter, dans une terre grise, ou pierre morte, dans de la terre qui a des taches jaunes ou vertes, elle charrie avec soi devant ou derriére ou étant incorporée avec le métal une certaine aparence, & partie de soulfre, en grande ou petite quantité, lorsqu'on tire cette mine de la terre, il en sort une odeur puante & brûlée qui

a l'odeur du soulfre, & les eaux
qui paſſent ſous cette mine, ſont
groſſiéres, terreſtres, pourries, ou
chaudes, & à l'endroit d'où elles
ſortent, elles jettent des fumées,
de ſorte que lors qu'il y a beaucoup de ces mineraux il paroît
un enfer. Il y en a beaucoup en
Italie, quelques-uns diſent que
ces mines marquent qu'il y a de
l'or auprès, ce que je n'afirme-
rai pas, la meilleure mine eſt celle de Cypre, de Babilone, &
celle d'Italie ; la plus baſſe &
la moins eſtimée eſt celle d'Allemagne, parce qu'elle tire ſur
le jaune. Les Alchymiſtes ſe ſervent du vitriol pour en faire l'eau
forte, & les Peintres pour ſécher leurs couleurs quand elles
ſont trop humides.

CHAPITRE VII.

*De la nature & qualité de l'Alun,
comment & en quel lieu il
s'engendre.*

L'Alun, qu'on apelle de roche, est une substance de terre congêlée, luisante & transparente ; de sa nature il est chaud & sec ; âpre au goût, salé, onctueux, ayant une qualité astringente & corrosive ; il s'engendre parmi les rochers & les pierres, desquelles il faut le tirer avec art. Il y en a de blanc & de rouge. Pline dit qu'il y en a de noir. La matiére de l'alun est beaucoup gluante & se dissout dans l'eau & au feu.

Il s'engendre dans les montagnes quoiqu'en peu d'endroits,

parce que les Anciens écrivent qu'il y en avoit à Cypre, en Arménie, en Macédoine, en Bithynic, en Afrique, en Sicile, je n'en connois à present que dans l'Hélespont, dans l'Espagne & dans l'Italie.

L'alun blanc s'engendre dans une pierre blanche, marbrée, pesante, fixe, il n'y a aucune pierre avant qu'elle soit cuite dont on puisse juger avec certitude qu'elle ait de l'alun. A la surface de la veine il y a de la marcassite. Il y a une autre espéce d'alun qu'on apelle catin, un autre sameni ou alun de visage, & celui de plume.

CHAPITRE VIII.

De la nature & qualité de l'Arsenic, de l'Orpiment, du Réalgal, comment & le lieu où ils sont engendrés.

L'Arsenic ou Orpiment, sont deux substances minérales, métalliques de semblable nature, ils sont très-purs, sans mêlange d'aucune autre espéce, & par leurs qualités que nous voyons nous comprenons que leur composition est une terre brûlée & purifiée par une subtile digestion : ils sont deux simples chauds & secs au quatriéme degré corrosifs & vénéneux.

L'arsenic est de deux espéces, l'un est blanc, qu'on apelle cristalin, & l'autre verd citrin. L'orpiment est d'une seule espéce de couleur d'or, quoiqu'ils s'engendrent ensemble dans une même mine, ils font deux choses diférentes, l'un & l'autre ont des écailles & feuilles déliées comme du papier les unes fur les autres, qui fe féparent facilement, fe brifent & fe mettent en poudre.

La mine de celui-ci fe trouve à l'Hélépont & en Capadoce, cet arfenic, difent tous les Savans, qu'il s'engendre toûjours autour des Métaux tous en général, & qu'il eft la caufe qu'ils fe brûlent & confument lorfqu'on les fond fans les mêler avec des agens qui puiffent les aider à les faire fondre vîte & les faire fortir tôt du feu.

Le Réalgal fe fait en mêlant l'arfenic & l'Orpiment & les fublimant tous deux enfemble, il à une proprieté qu'en fondant ces mineraux châcun à part, ils se confument & s'en vont en fumée, & en les mêlant avec d'autres métaux, ils s'incorporent avec eux & s'uniffent enfemble, & les rendent caffans, de forte qu'on ne peut les mettre en œuvre, & qu'ils deviennent inutiles & de nul ufage. Dans les veines où ils font, ils s'engendrent en gros morceaux en forme de mottes très-pefantes. Et fi ceux qui tirent ces demi-mineraux de la terre, n'ont foin de fermer la bouche, & l'avoir pleine de vinaigre, la fumée qui en fort les empoifonne & leur caufe la mort.

CHAPITRE IX.

*De la nature & qualité du Sel,
& de toutes ses espéces.*

L A nature produit & engendre diverses espéces de sel en diférentes parties du Monde. Quoique de toutes les lessives & cendres, & des urines des animaux on puisse tirer des sels, ils ne sont pas fort essentiels & profitables à l'homme, & pour cela on en trouve deux espéces seulement qui sont utiles & très-nécessaires à l'homme, la premiére, est un sel qu'on tire des eaux salées des fontaines, des ruisseaux ou de la mer, soit en les coagulant, ou en les dissolvant.

L'autre espéce est ce sel que nous tirons de la terre, creusant

les montagnes & les rochers de
sel qui est un sel réluisant resplendissant comme du crystal, & de
diverses couleurs, comme il y en a
en Catalogne & en Aragon, dans
le Duché de Cordoüe & autres
endroits, mais tout sel quel qu'il
puisse être tiré de l'eau, de la
terre ou des pierres, est de sa nature chaud & sec, de mélange
terrestre, de saveur salée, mor-
dicant, avec une certaine puissance métallique, dont la vertu
est de ronger toute chose où
on le met, & en desséchant les
corps il les conserve & les préserve de corruption.

Le sel commun est diférent
du sel nitre, en ce que le sel nitre
aime le feu & se plaît avec lui,
& le sel commun l'abhorre, &
si on l'en aproche il petille, saute
& s'enfuit.

Il y a d'autres sels comme le

sel gemme & le sel armoniac ,
le sel alkali qui sont plus médé-
cinaux, & servent dans l'Alchymie, qu'utiles pour la nourriture
des hommes, des proprietés des-
quels nous ne parlerons pas en ce
Chapitre.

Le sel armoniac est plus fort
que le sel nitre, on dit qu'on le
tire de Ciréne & d'Arménie, il
naît dans des caves minérales &
dans les veines de la terre. On
dit aussi qu'il s'engendre dans le
sable très-sec & dans les bains.

Le sel gemme est un sel qui
paroît une pierre précieuse, transparente & se trouve en Hongrie.

Il y a un autre sel artificiel
qu'on apelle sel alkali, d'autres
le nomment sel de verre, d'autres alun catin. Il se fait des
cendres d'une certaine herbe
qu'on nomme soude, autrement

galla, ou duſnea , d'autres la nomment difelti, en Caſtillan on l'apelle joſa.

Il y a un autre ſel qui s'apelle indien, de couleur noire, qui eſt une compoſition de ſel des Alchymiſtes, qu'ils font & s'en ſervent dans leur art, lequel ſel ils le tirent de toutes choſes qui ont une proprieté mordicante & âpre. Il y a un ſel qu'on nomme nitre , lequel eſt de deux ſortes, ſavoir, artificiel & naturel , il eſt proprement minéral & ſuit ordinairement l'eau , mais cette eſpéce de ſel n'eſt point connue chez nous à préſent, & nous n'en voyons point.

Le nitre artificiel eſt apellé proprement ſel nitre ou ſalpêtre, on le tire d'une terre fumée très-ſéche , diſpoſée à recevoir une certaine groſſiéreté de l'air & ſon humidité , laquelle ſe coagule

en maniére de glace , comme
nous voyons fur les vieilles murailles & les anciens parois , fur
tout dans les caves & autres
lieux humides , & dans les endroits où l'on jette le fumier &
toutes autres immondices , qui
ont refté un très-long-tems fans
avoir été mouillées par la pluye
ou autres eaux.

Le nitre artificiel s'alume &
s'enflamme beaucoup plus facilement , & plutôt que le naturel.

CHAPITRE X.

*De la Gialamine & du Zafre, &
de la Maganefe , & de leurs
qualités.*

LA Gialamine ou Calamine,
eft un demi-mineral jaune ,
qui s'engendre & fe trouve dans

les mines de plomb, avec laquelle on teint le cuivre, & on en fait le léton, elle est de sa nature chaude & séche comme la marcaffite; étant fondue toute seule, s'en va en fumée, & fondue avec le cuivre, elle l'augmente de huict pour cent. Elle se trouve en Italie, à Milan & en Allemagne, c'est un minéral très-peu connu.

Il y a un autre minéral qui s'apelle zafre, pesant comme le métal, lequel ne se peut fondre étant seul, étant mêlé avec des choses vitreuses, se réduit en eau, & teint de couleur d'azur toute sorte de vaiffeaux, il sert pour les Verriers.

Il y a un autre demi-minéral qu'on apelle maganese, de couleur de rouille obscure, lequel tout seul ne se fond point, comme le métal, & étant mêlé avec

autre chofe, teint les vaiffeaux
de couleur d'eau très-fine, purge & purifie le verre verd ou
jaune, & le rend blanc, les Verriers & les Potiers de terre fe
fervent de ces demi-mineraux
avec profit.

CHAPITRE XI.

De la Pierre-d'Aimant, & de fa vertu.

LA Pierre-d'Aimant s'engendre dans les veines du fer,
& elle a la couleur de fer, mais
elle ne fe fond point au feu. Elle a
la vertu d'attirer à foi l'acier &
beaucoup d'autres proprietés qui
fon notoires. Pline écrit qu'il y en
a de blanc, & qui attire à foi l'or
& les autres Métaux, & la chair
humaine.

Celui

Celui que nous voyons communément eſt celui qui attire le fer, & je n'en ai jamais vû d'autre, l'odeur du ſuc de l'ail, du laiᶜt de chévre , & l'onᶜtion de l'huile détournent la vertu de la pierre d'aimant & ſon effet.

On la nomme autrement calamite, & d'autres l'apellent pierred'Hercule. Tout le monde ſait qu'elle ſert auſſi aux Bouſolles , dont on ſe ſert pour la navigation dans les Vaiſſeaux ſur la Mer.

CHAPITRE XII.

De la qualité & nature de l'Ocre ,
du Bol d'Arménie, de l'Emeril
& du Borax.

L'Ocre eſt un demi-minéral, compoſé par la nature de terre, de couleur jaune, cauſée par les fumées de la mine de plomb. Elle n'a aucun mêlange de métal, mais elle aide les Métaux à fondre, & fert auffi aux Peintres.

Le bol d'Arménie eft une terre rouge, vifqueufe, defficative & de qualité aftringente. Il eft engendré des fumées du fer dans les mines de fer, c'eft une medécine contre le poifon : les Peintres & les Doreurs s'en fervent pour apliquer leur or en feuilles fur la peinture & autres ouvrages.

L'éméril eft un demi-minéral compofé en forme de pierre noire & dure, il eft très-corrofif & fort, on travaille avec lui toutes fortes de pierres précieufes.

Le borax eft naturel ou artificiel, le naturel eft une pierre luifante, qui fe fond en maniére de fucre candi, ou de fel gemme. Il sert aux Orfévres pour souder l'or & l'argent.

L'artificiel se fait avec l'alun de Rome & le sel armoniac il est beaucoup en usage chez les Or-févres.

CHAPITRE XIII.

De l'Azur, du verd d'Azur, & de leurs natures, qualités & proprietés.

L'Azur dont se servent les Peintres, qui est un demi-minéral, est de deux sortes, un qui se nomme outre-mer, & par autre nom azur fin, lequel se trouve dans le lapis lazuli, qui est la mere de la mine de l'or, qui se broye, se lave & se met en poudre très-fine & impalpable, & on en tire l'azur avec

un certain pastel qu'on fait avec
des gommes, des résines & autres
ingrediens.

Cette couleur est très-fine &
très-précieuse & plus chere que
l'or même, parce qu'outre qu'elle
est la plus fine de toutes, elle résiste au feu & à l'eau.

Il y a un autre azur, qu'on
apelle azur d'Allemagne, qui est
une teinture des fumées des veines de l'argent, on le tire des
roches de la mine, & on le broye
fort menu, & en le lavant, le
fin se précipite au fond de l'eau,
qu'on a soin de ramasser & bien
laver pour l'avoir bien pur.

CHAPITRE XIV.

Du Verre, de sa nature & qualité.

LE verre est un demi-minéral, brillant, cassant, qui se
fond comme du métal, & il est
obéissant à la main de l'Artiste,
il en peut faire tout ce qu'il lui
plaît, il est de la famille des pierres précieuses, & le cristal reçoit
facilement toutes sortes de couleurs qu'on lui donne, il est un
demi-minéral très-pur & net &
presque incorruptible, qui ne
donne aucune mauvaise odeur
de lui-même, il n'engendre aucune rouille & crasse, n'a aucune
mauvaise saveur, & étant manié
il ne teint ni ne noircit aucunement les mains comme les autres
Métaux : la maniére comme il

se fait, on le dira en son lieu
dans la suite de ce Traité.

CHAPITRE XV.

*Du Cristal & des Pierres précieu-
ses, de leur nature & qualité.*

QUoiqu'il paroisse que le cristal & les pierres précieuses
ne soient point des Métaux ni
demi - minéraux pour quelques
raisons que je ne raporte point
ici, il m'a paru convenable d'en
dire quelque chose dans ce Chapitre, & je dis que le cristal est
une pierre transparente, brillante
& claire, composée par la nature d'une substance tout à fait
aqueuse, de sorte qu'il y en a eu
quelques-uns qui ont dit que la
nature l'avoit produit contre l'ordre naturel, de pure eau congê-

lée par force de froideur ; mais
en vérité le criftal & toutes les
pierres précieufes font une même fubftance d'eau & de terre
avec la même conjonction néceffaire des élémens , diféremment , fuivant l'efpéce de chaque pierre, parce qu'il y a trois
efpeces de pierre que la nature
produit ; les unes de plus grande
terreftreïté , qui font celles qui
s'engendrent dans toutes les
montagnes & lieux où l'on trouve communément des pierres.
Les autres font moyennes entre
les pierres communes & les pierres précieufes , & on les met au
nombre des précieufes , on les
nomme opaques , ou pierres obf-
cures.

La troifiéme forte de pierres
eft la claire refplendiffante. Ces
deux derniéres fortes de pierres
précieufes font de diférentes cou-

leurs. Le diamant eſt blanc &
d'une très-grande valeur & d'une
dureté incomparable & tranſparente, qui ne peut être domptée
par le feu, ni par le fer qui ne
ſauroit l'amollir & le diviſer dans
ſes parties. Le plus gros diamant
qu'on ait jamais vû dans le monde, eſt celui que le Grand Seigneur poſſéde, il eſt un peu
moins gros qu'une demie noix.
Un autre un peu moindre eſt
celui que le Pape a à Rome au
bord d'une veſte Pontificale.

Il y a ſix ſortes de diamans,
les plus fins ſont clairs, & comme les meilleurs ſont de la premiére ſorte. Les plus gros ſont
ceux de l'Arabie, des Indes &
de l'Ethyopie, ceux de Macedoi-
ne & de Cypre ne ſont pas tels.

Il s'en trouve d'autres plus
obſcurs & épais, fort opaques
& très-durs.

La

La troisiéme espéce a une couleur un peu jaune, la quatriéme violete, la cinquiéme verte, la sixiéme rouge pâle. La forme & la figure des diamans est deux pyramides à coins par dehors, attachées les unes avec les autres qu'on apelle pointe de diamans ; c'est une pierre à laquelle on attribue plusieurs vertus & proprietés particuliéres.

Le rubis tient le second rang parmi les pierres précieuses, il est un peu moins dur que le diamant transparent & plus coloré, agréable à la vûe. Lorsque le rubis est fort gros on le nomme escarboucle.

Il y a une seconde espéce de rubis qu'on dit être la mere des rubis, & s'apelle rubis-balaïs, cette espéce est moins colorée, & plus pâle que l'escarboucle.

Il y a une troisiéme espéce de

rubis qu'on nomme grenat, qui est de couleur de fleur & grains de grenade. Le rubis a pareillement ſes vertus particuliéres, le rubis-balaïs eſt plus tendre que le rubis, & le grenat eſt plus tendre que le rubis-balaïs.

La troiſiéme eſpéce de pierres précieuſes eſt l'émeraude, c'eſt une pierre tranſparente, dure, mais plus tendre que le rubis, elle eſt verte, de couleur très-fine. Il y a douze ſortes d'émeraudes, la fineſſe de ces pierres ſe diſtingue par la couleur, la clarté & la dureté, & lorſqu'elles ſont nettes de toutes taches & nuages.

Il y a une autre ſorte de pierres précieuſes qu'on apelle ſaphir, de couleur bleue de ciel, elles ſont tranſparentes, dures & luiſantes, & il y en a de pluſieurs ſortes, mais les meilleures & les

plus fines font celles qu'on apelle Orientales; on peut, du faphir,
en contre-faire un diamant.

Nous n'enfeignons point ici
la maniére de le faire, parce que
ce n'eft point une matiére qui
convienne en cet endroit, &
quoique j'aurois beaucoup à dire
fur les autres efpéces & diférentes pierres, nous le pafferons
fous filence, comme étant une
chofe très-éloignée de notre propos, & de la principale intention & but de ce Traité.

Fin du Livre quatriéme.

LIVRE V.

Où est traité de plusieurs choses particuliéres qu'il faut savoir auparavant que d'entreprendre le travail des Métaux, & la cave des Mines.

CHAPITRE PREMIER.

De ce que doit faire & observer celui qui entreprend le travail des Mines pour les faire valoir & en tirer du profit,

IL y en a plusieurs qui pensent & croyent opiniâtrement, que les mines sont de ces choses qui fe trouvent par hafard, que le travail & foin de l'homme y ont peu de part, mais certainement ceux-là font dans l'erreur, parce que tout au contraire, il arrive que celui qui fouille les mines & qui eft au fait de ces recherches, plufieurs fois & fouvent les trouve fe fervant de certaines marques & indices qu'il connoît, & les ayant trouvées, il les travaille ou les abandonne moyennant l'expérience & connoiffance qu'il a des Métaux & de l'Art Métallique, parce que non feulement tout homme n'eft point capable de faire la découverte des mines, mais il faut que ce foit un homme fort favant & expert en beaucoup de chofes particuliéres, & qu'il fache à fond toutes les parties qui compofent cet Art. Parce que premiérement il faut examiner la nature des

montagnes , fi elles font des vallées ou des collines, de qualité &
nature que facilement & à peu
de frais l'on puiffe caver, creufer & travailler les mines fans
empêchement de roches vives
ou d'eaux trop hautes qui naiffent
fur la furface de la terre , ou qui
par la proximité des ruiffeaux font
détournées ou interrompues.

En fecond lieu il doit remarquer les fentes & jointures des
rochers , & les veines de métal
qui font dans iceux ; il doit connoître plufieurs terres diférentes
en couleur, comme auffi toutes
les roches & terres des pierres
précieufes, des marbres & des
métaux & fucs , tous les diférens
arbres , herbes, plantes & favoir
juger s'il eft néceffaire d'ouvrir
la terre , ou non , & fi la mine
en vaut la peine , il faut pareillement qu'il foit bon Artifte pour

essayer les métaux & les préparer comme il faut pour en faire
les épreuves & les fondre, car
on doit essayer l'or d'une façon,
l'argent, le cuivre, le fer, le
mercure, le plomb, l'étaing,
d'une autre; de sorte que le bon
Métalliste pour être habile Artiste
doit posséder plusieurs & diverses Sciences & Arts.

Il doit en premier lieu être
Philosophe pour avoir la connoissance de la nature de toutes
les substances & sucs qui s'engendrent dans les entrailles de la
terre. Il doit être Médecin pour
connoître les remédes qu'il faut
pour prévenir les maladies qui
peuvent survenir à ceux qui creusent les mines, & leur donner
par précaution des antidotes pour
qu'ils puissent travailler sans danger d'être malades.

En quatriéme lieu, il doit savoir la Géométrie pour entendre les termes & limites des veines, comment il faut caver & pourfuivre les puits, & où, fuivant la raifon, répondent & aboutiffent les fouterrains.

L'Arithmétique pour compter & fuputer & taxer les dépenfes des mines, & les confronter avec le profit, pour voir s'il convient de les pourfuivre, ou faire ceffer le travail de la mine.

Il doit être Peintre pour tracer & deffiner la figure de toutes les machines & attirails qui font néceffaires pour ce travail, afin qu'on puiffe les fabriquer ; mais ce qu'on voit communément dans cet Art, attendu qu'il eft dificile de trouver un feul homme qui poffède toutes ces fciences, eft que les uns font favans pour trouver & découvrir les mines, les autres font habiles

pour ouvrir & caver les Métaux,
d'autres pour les laver & les
broyer, d'autres pour les fondre,
d'autres pour les afiner, d'autres
pour faire les fourneaux & les
machines pour égouter les eaux,
d'autres pour diftribuer à un châcun les emplois dont il eft capable, fuivant la mine & le métal.

CHAPITRE II.

De la néceffité & profit des Mé-
taux & des Mineraux.

PArce que plufieurs eftiment
chofe inutile la pourfuite à
creufer les mines, & traitent
d'infenfés ceux qui s'occupent à
leur recherche, fe contentant
eux-mêmes de vivre dans l'oifi-
veté & d'exercer les ufures, les

prêts à gros intérêts, & les trafics illicites au préjudice de leur prochain. Je dirai en ce Chapitre combien il est utile & nécessaire aux hommes qui ont du penchant à la découverte des Métaux, de s'occuper à la recherche des mines. Pour cela il faut considérer & remarquer deux choses : la première, si cet Art est utile & profitable à ceux qui l'exercent & en sont au fait ; la seconde, s'il est profitable ou préjudiciable à tous ceux qui ne s'y occupent aucunement ni ne l'entendent. Touchant la première raison, ceux qui disent que c'est sans profit, aléguent que de mille hommes qui fouillent les mines & qui en font la recherche, sont en très-petit nombre ceux qui trouvent, & que même il ne s'en trouve aucun ; & qu'à la place d'un qui s'enrichit, il y en a cent ou mille qui se ruinent. Et que ceux qui les trouvent avec espérance de s'enrichir, font des dépenses excessives, & le plus souvent ils sont ruinés & misérables après avoir consumé tout leur bien.

Au premier argument & raison, je répons, que tous n'ont pas le don de savoir chercher les Métaux & l'adresse de trouver les veines, hors ceux qui travaillent avec connoissance de cause & par certaines marques & indices, ni de caver les mines & les faire profiter, sinon celui qui les examine avec soin, qui les essaye & les voit avec attention, & sait distinguer celle qui coûtera le plus ou le moins à caver, & qui sait si les dépenses excédent le profit ou non, si le métal peut enrichir, & s'il mérite la dépense qu'on fait pour l'avoir.

Mais foit que ceux qui font peu habiles, & qui cependant favent quelque chofe, entreprennent la cave des mines à leur profit & fortune. Quel inconvenient y a-t-il ? Et quelle charge fi importante, puifque les Laboureurs courent le même rifque de ne point recueillir ce qu'ils fement, ni de favoir tous préparer la terre par les labourages néceffaires, ni la choifir avec toutes les conditions qui conviennent, faute d'entendement, étant ignorans dans leur Art & Profeffion ?

Par même raifon ce qui fait tomber plufieurs dans l'erreur & dans l'égarement en cet Art, eft le grand profit qu'ils en efpérent, & la grande avidité avec laquelle ils travaillent, parce que le fruit qu'on en peut recueillir, n'eft point une chofe qui ait du rifque, ni une chofe

qu'étant une fois recueillie, puiſſe
être caſuelle & avanturée, mais
bien un métal fixe & ſolide, qui
en tout tems avec notre profit ,
& ſans aucune ſujetion d'acci-
dent a toûjours ſa valeur.

J'ai conſidéré pluſieurs fois
que ceux qui ont des enfans &
qui les aiment bien , les deſtinent
à divers états & genres de vie,
les uns au mariage, les autres au
Cloître , d'autres dont nous ne
pouvons être les maîtres nous
les envoyons à l'armée , & qui
dès le ſeuil de la porte de notre
maiſon ſont deſtinés & condam-
nés à la mort , d'autres les re-
leguent avec grande joye aux
Indes , ou au moins avec de
grandes eſpérances , dans leſquelles Indes je demande où &
comment ſe cherche, ſe trouve,
& ſe ramaſſe l'or, s'il naît dans
les épis du bled , ou dans les

fleurs des herbes, ou si c'est un fruit des arbres, un excrement des bêtes brutes, champêtres ou domestiques, ou si ce font de pierres qui roulent sur la terre comme toutes les autres, & qu'il n'y a qu'à se baisser & les prendre sans aucun travail ni peine.

Le dommage principal de mines est que quand nous les cherchons, c'est lorsque ou en négociant, en travaillant la terre, jouant, ou vivant dans le vice, nous avons soin de perdre tout notre bien & consumer toutes nos facultés, & nous entreprenons des choses qui ne font point de notre connoissance, & que nous n'avons jamais pratiqué, ce qui est plutôt notre faute que celle de l'Art. De dire ici & citer le nombre de ceux que la recherche des mines enrichiroit,

& de ceux qui en profitent fans les travailler, ce feroit une chofe fort inutile & fuperflue, & perdre fon tems en chofe qui eft très-notoire, fufit de dire que c'eft véritablement une richeffe que Dieu notre Seigneur a caché dans le profond de la terre, moyennant laquelle nous connoiffons combien eft plus grand & plus certain le tréfor qu'il nous a caché dans le Ciel, ce que nous devons croire, car puif-qu'un corps fi défait & fi mé-prifé de tous, qu'eft celui de la terre, où toutes les immondices & impuretés de l'Univers vont fe rendre & fe joindre enfemble, eft le cofre & la caiffe d'un fi grand bien, doit-on héfiter à croire que celui qui eft caché dans le Ciel, qui eft un corps d'une perfection & vertu admira-ble, ne foit beaucoup plus grand

& meilleur, & ainſi il eſt permis
à tous de chercher le tréſor de
la Gloire qui eſt en haut, occu-
pés dans les travaux & peines
de cette miſérable vie, il eſt auſſi
permis & convenable à l'homme, pour ſon utilité & uſage,
qu'il s'occupe à la découverte
d'un ſi grand bien temporel que la
terre nous cache, lequel n'étant
point cherché ſe perd, parce qu'il
n'a point de voix pour nous apeller ni de bouche pour nous parler, ni des pieds pour venir jouir
de la lumiére & clarté du Soleil.

En paſſant dans la Caſtille &
autres endroits, j'ai vû pluſieurs
fois dans les colines & montagnes & dans les campagnes une
grande foule de gens tirer hors
de la terre des trufes & cueillir
des aſperges & autres légumes,
choſe de peu de valeur; & j'ai
vû pluſieurs fois s'en retourner
les

les mains vuides, ayant perdu leurs peines, ou avec si peu, que les choses qu'ils avoient tirées de la terre ne leur payoient pas le tems qu'ils avoient perdu pour les chercher. J'ai vû la même chose dans les chasses & pêches, dans les trafics & commerce des hommes : car si l'on comptoit tout ce qui se perd & se gagne, & qu'on en fist la balance, je ne sai quel nombre seroit le plus grand de l'un ou de l'autre dans le compte, dans le gain ou la perte, comme tous ces trafics & occupations sont communes à tous, aucun ne peut se moquer de l'autre qu'il ne se moque de soi-même.

L'occupation & exercice des mines est une chose rare, qu'on voit peu souvent, du moins dans certaines terres, & dans aucunes jamais ; nous ne reprimandons pas ceux qui cherchent un nouveau genre de vie, & une diférente maniére de s'enrichir de celle que nous pratiquons.

Il faut remarquer ici qu'on doit toujours chercher les mines dans des terres ou endroits qui donnent des indices & veftiges de mines anciennes, ou qu'il y ait du moins le fentiment des anciens ou le témoignage des Livres & des Savans, de les avoir euës & trouvées dans de telles contrées, en autre tems, parce que fi un profit qui dure un mois ou un an eft beaucoup eftimé, combien plus fera efti-mé le fruit des veines qui eft fi grand & qui dure fi long-tems, comme nous le voyons dans les mines d'argent de Fribourg, qui felon que l'écrit Agricola, il y en avoit qu'on travailloit depuis quatre cens ans.

Les mines d'argent & d'or
ſchemonce & oremonce húit
cens ans. Je paſſe ſous ſilence
les mines anciennes de Celtibe-
rie, & celles de Carthage. Je ne
dis rien de celles de Guadal,
canal en Eſpagne, & de ce que
j'y vois, leſquelles, quoiqu'il y
ait peu de tems qu'elles ſont com-
mencées, donnent des marques
certaines qu'elles dureront long-
tems ; ceux qui diſent & ſou-
tiennent que les mines ne doivent poin être cherchées ni tra-
vaillées, quoique pluſieurs Auteurs leur répondent ſufiſamment, je juge que leurs raiſons
ne ſont point valables & indi-
gnes de réponſe, & le tems
qu'on employeroit à leur répondre ſeroit perdu.

CHAPITRE III.

De la connoissance des veines, & comment on doit chercher les Métaux, & premiérement la connoissance des lieux convénables.

PArce qu'il est dificile de trouver les veines, & que notre intention est d'instruire tous les hommes en général, de la maniére de les pouvoir trouver. Je dirai en ce Chapitre sommairement ce qu'on présupose être nécessaire touchant la connoissance d'icelles, avant que d'entreprendre leur recherche, celui qui veut travailler avec profit, doit considérer sept choses, & ce sont les suivantes.

La premiére chose est le genre

du lieu où elles se trouvent, l'habitude & la disposition qu'ont les eaux & le chemin, si l'endroit est sain, s'il est Royal ou Seigneurial, ou quelle qualité de terre, & quels voisins elles ont, si ces terres sont éloignées ou près du menu peuple ou autres habitans. Touchant le premier article, il y a quatre diférences & genres de lieu, parce qu'à ces montagnes, ou collines, on cave plus facilement & on l'amende, parce qu'on peut faire des pompes pour les eaux qui détournent ordinairement les caves des veines.

Dans les vallées & champs les veines sont souvent très-dificiles & dispendieuses, parce qu'on ne peut les égouter.

Que le Chercheur considére avec attention quatre dispositions du lieu, si dans quelque endroit il y a quelque veine

découverte, ou par les courans
des ruiſſeaux & des riviéres ſur les
pentes des montagnes qui ayent
entraîné la terre de la ſurface &
découvert la veine, parce que
cela eſt la principale connoiſſance, & ſi par hazard la veine étoit
découverte en quelques petites
montagnes qui fût au milieu
d'une campagne, il ne faut pas
en faire grand cas, à la réſerve
qu'elle ne ſe trouvât d'abord riche par la dificulté à la caver, &
par raport au travail qu'il faudroit
y faire; il ne faut point non plus
fouiller dans les montagnes qui
ſont fort hautes, ni dans les baſ-
ſes, mais ſeulement dans les
moyennes, excepté que par hazard on y trouvât la veine découverte, & notoire, cherchant
toûjours dans les montagnes entourées de collines, & laiſſant
celles qui ſe trouvent ſeules au

milieu des campagnes , parce
que les côtés de ces montagnes
font de diférentes difpofitions,
il faut choifir & confidérer celles
qui ont moins de rochers & de
précipices moins dangereux ,
laiffant toutes les autres à moins
que la mine ne fût découverte
& vifible.

Dans les collines , les veines
font plus rares, & fi on veut les
chercher il faut que ce foit dans
les collines qui fe trouvent entre les montagnes & monts, fi
on y trouve de la craye, c'eft
une bonne marque.

Les vallons, quelques-uns font
fermés par les côtés , qui ont
une entrée & une fortie ou iffuë,
apellés proprement vallons, d'autres qui font interrompus de
montagnes, les uns font vaftes ,
& les autres étroits, les uns courts
& les autres longs. Ceux qui font

fermés par des montagnes, on
ne doit point les fouiller ni ceux
qui font ouverts, fi à la montée
il n'y eût quelque champ uni &
plain, plus bas, ou une veine
qui defcende de quelque haute
montagne.

Parmi les campagnes & plaines, il ne faut jamais fouiller,
& caver les baffes & profondes,
ni celles qui n'ont rien autour,
excepté que lefdites plaines ne
fuffent dans quelque fommet de
montagnes. C'eft-là tout ce qu'on
doit obferver touchant la connoiffance des lieux & des veines.

Pour ce qui concerne la difpofition ordinaire des lieux des
mines, qui eft la feconde chofe
que doit confidérer celui qui les
cherche, ou qui entreprend de
les faire valoir; on doit obferver
en premier lieu, fi le lieu eft nud

&

& fans arbres, faut qu'il confi-
dére s'il y a affez de bois pour la
fabrique des machines néceffaires pour brûler & faire du charbon, s'il n'y en a point, il faut
examiner fi la mer eft auprès, &
s'il y a des riviéres , par où il
puiffe fe pourvoir à peu de frais
de bois de charpente, & de bois
à brûler, ou s'il y a des montagnes tout proche; mais fi la mine qu'on découvre eft d'or ou
de pierres précieufes, il faut travailler en quel endroit que ce
foit, quoiqu'il foit inculte, en
friche & fans bois , parce que
les pierres n'ont befoin que d'ê-
tre netoyées , & l'or d'être pur-
gé, il faut pareillement examiner fi dans l'endroit de la mine
il y a de l'eau, ou s'il n'y en a
point, foit riviéres ou ruiffeaux auprès, cela eft excellent parce que
l'eau fert pour des chofes impor-

tantes à l'utilité de la mine, tant
pour le travail que pour l'ufage
des machines, & il faut que ces
riviéres ou ruiffeaux ne foient
point trop éloignés, ni trop près
de la mine.

Il faut obferver fi le chemin
eft bon ou mauvais, s'il eft éloigné ou près des habitations des
Peuples, parce que lorfqu'il y a
des Villes ou Villages près de
la mine, les Habitans fe rendent
incommodes à ceux qui travaillent qui n'ont que leurs provi-
fions néceffaires, & le Maître
de la mine en foufre, & tous
ceux qui y font employés, fe
faifant bien des dépenfes inutiles qui ne laiffent pas que d'in-
commoder, outre que les Ouvriers font détournés & interrompus dans leurs travaux.

Touchant l'humidité. Quoique les mines foient très-profi-

tables, on ne doit point les caver dans des endroits mal sains & pestilentiels, qui ne font point arrosés par l'air & qui font opaques, fombres & ténébreux.

Touchant les qualités du Maître: Il faut confidérer s'il eft avare, ou tyran, s'il fait des trafics injuftes, & qui fauffant les conventions, nous faffe travailler en vain & fans aucun profit, & s'approprie ce qui nous eft dû.

Touchant le voifinage; il faut confidérer fi l'endroit eft en feureté des ennemis, qui nous peuvent voler & dérober, emportant notre travail, comme il arrive dans les mines des côtes, & entre des frontiéres & limites de terres de Seigneurs étrangers, de forte que la mine doit être dans un lieu qui foit montueux, ayant une pente infenfible & point rude, qui ait des forêts qui

foient falutaires, dans un bon air ni
& fûr, & qui ne foit point éloigné
de la riviére ou de quelque ruif-
feau , où l'on puiffe laver le métal , & le fondre , & que le chemin ne foit point trop rude , ni
dificile, efcarpé, ni trop long,
& la mine qu'on trouvera avec
toutes ces qualités & circonf-
tances , fera bonne, donnant une
marque de métal bon & profitable.

CHAPITRE IV.

Des Mines & de la maniére de les connoître.

IL y a deux fortes de mines,
les unes qu'on cherche &
qu'on trouve avec beaucoup de
peine, & en creufant les champs;
les autres que la nature & cer-

taines marques nous découvrent
fans aucun travail de nôtre part,
& fans la diligence importune
de l'homme ; ces mines qui fe
trouvent fans peine & fans aucun travail ni foin, leurs marques font ordinairement des morceaux de métal entraînés par les
courans des eaux , ou fucs & liqueurs particuliéres ; parce que
les fontaines font les bouches &
les foupiraux des veines de la
terre ; il faut avant toutes chofes
que les Chercheurs examinent
fi parmi les eaux, il y a des grains
d'argent ou d'or, ou de pierres
de bonne qualité & riches, ou s'il
découle quelque fuc ou liqueur,
non - feulement il faut laver les
fables des fontaines , mais auffi
des ruiffeaux, des marais & riviéres qui en fortent ; de forte qu'en
premier lieu il faut laver & effuyer
les fables des fontaines , enfuite
R iij

des ruisseaux & riviéres, il ne faut jamais les essuyer dans les champs, mais à couvert.

Il y a sept sortes de sucs, & pour les connoître il faut goûter l'eau de la fontaine, si elle est salée, on en peut faire du sel, si elle est nitreuse on en fait du nitre, âpre & astringente, en faire de l'alun, en cherchant la veine; si elle teint, elle est de couperose, ou mine noire, si elle sent mauvais, elle est de soulfre, si elle est gluante, elle est de bitume. De sorte que ce qui nous découvre le plus les veines & les mines, sans nôtre travail, est le cours des eaux, comme il arriva aux veines de Fribourg.

En second lieu, les vents qui par leur force arrachent des arbres, dans leurs racines on trouve des morceaux de la veine du métal attachés, qui en se déta-

chant du corps du métal, découvrent la superficie, ou un
rocher ou pierre humectée par
les eaux, aussi les grandes pluyes
qui entraînent la terre qui couvre les veines, quelquefois un
tremblement de terre, ou un
trou fait par la foudre, ou en
labourant avec la charuë, enléve des morceaux de veines, d'autre fois le feu qui se prend aux
montagnes, suivant qu'on a vû
des Monts-Pirenés dans notre
Espagne, selon qu'écrit Siculus,
Polidore & Lucréce anciens
Ecrivains, une ruade, un coup
de pied d'animal souvent découvre la veine, comme il arriva
en la veine de Gosclaria, mais
les veines qui sont cachées, que
l'art & la science découvrent,
les sables des fontaines, ou les
morceaux ôtés & entraînés par
les innondations des riviéres, les-

quels s'ils font beaucoup pefans
& âpres, il eft évident que la
veine n'eft pas loin de là, & on
pourra la trouver facilement, en
examinant la fituation du terrain,
& d'où peut venir à peu près, &
s'être détaché ce morceau, auffi
de même le jour qu'il neige regardant les herbes, car celles qui ne
font point couvertes de neige font
immanquablement fur des mines
ou métaux, qui par leur chaleur
& ficcité ne permettent point
que la glace ni la neige fe congêlent deffus.

Comme auffi dans les mois
d'Avril & Mai dans les endroits
froids & en Septembre la rofée
ne fe coagule point fur l'herbe
qui eft fur quelque mine, & fi
la terre étoit chaude dans lefdits
mois, l'herbe feroit baffe &
courte, c'eft marque qu'elle eft
fur quelques veines, ou s'il y a

des endroits nuds où l'herbe foit
d'efpace en efpace, & que l'herbe
qui y eft fe trouve plus courte,
pâle en couleur, plus féche &
moins verte le matin, c'eft une
marque qu'elle eft fur des mines,
lorfque les arbres au Printems
qui font fur les montagnes ont
les feuilles jaunâtres, & que leurs
rejetons font noirs & brûlés fans
couleur naturelle, & de diférente couleur des autres arbres,
& qui ont leurs troncs & tiges
fendus & ouverts, que même
il y en a quelques-uns rompus
près du trou, & quand on voit
long-tems quelques arbres de
mauvaife couleur, languiffans &
noirâtres, coupés jufqu'au tronc,
& qu'il y a des filets affez longs
parfemés de champignons & autres herbes de cette nature, comme veffe de loup étenduë en
long. Toutes ces chofes font des

marques certaines des veines, on peut fouiller hardiment de tels endroits, faisant des puits & ouvrant la surface de la terre, par le fil du signal qui est au travers, lorsque la veine, naturellement ou par hazard, n'est point découverte.

CHAPITRE V.

De la diférence des veines des Métaux.

LEs veines des Métaux sont ordinairement diférentes, ou en hauteur ou en largeur & longueur, parmi lesquelles il y a une sorte de veine qui commençant à la surface de la terre descend au fond, & s'apelle veine profonde des Maîtres.

Il y a une autre veine qui se

homme étenduë ou ample, laquelle ne monte du bas en haut, ni ne descend de haut en bas, mais dans le fond de la terre, s'étend vers ses côtés en forme de pain ou de tourte ou en guise d'une sole, poisson de mer.

Il y a une autre veine qu'on apelle accumulée, à cause qu'elle a plusieurs autres veines qui n'en forment qu'une, & en haut font un dépôt en maniére de plat, & s'étendant vers le bas ; l'espace qu'il y a entre les deux veines s'apelle interposition ; dans la terre la veine profonde se trouve en la superficie, & la même veine s'étend au fond.

Les veines profondes ont leur diférence, parce que les unes font larges d'un pas, de deux coudées, d'une coudée, d'un pied, de demi-pied, d'autres d'une palme, de trois doigts, de deux,

& celles-ci sont des étroites.

Dans les lieux où il s'engendre des veines très-larges, celles d'une coudée sont reputées étroites, dans les veines d'oremnicie l'on dit qu'il y en a en certains endroits qui ont vingt pas de large.

Les veines larges ont leur diférence en hauteur, parce que quelques-unes sont hautes d'un pas, d'autres de deux ou davantage, d'autres d'une coudée, d'autres d'un pied & d'autres d'un demi, lesquelles sont toutes reputées pour mines hautes, les autres sont au nombre des basses, sçavoir, celles qui sont d'une palme, ou de trois doigts ou d'un doigt d'hauteur.

Les veines profondes sont diférentes aussi en largeur, parce que les unes descendent du Levant au Ponent, d'autres du Ponent au Levant, d'autres du Midi courent au Nord , d'autres du Nord courent au Midi.

Pour voir ſi la veine court du Ponent au Levant , ou du Levant au Ponent , ou du Midi au Nord , ou du Nord au Midi , ſe connoît par la ſuite des pierres où la veine eſt emboitée , en regardant la partie vers laquelle elles inclinent , & les veines auſſi & l'endroit où eſt leur aſſiéte.

Les veines larges diférent auſſi en largeur, la partie vers laquelle elle s'étend paroît clairement par l'aſſemblage des pierres de la boëte. Il y a certaines veines profondes qui vont toûjours droit , & il y en a d'autres qui ſont tortuës & courbées en guiſe d'arc : Quelques veines deſcendent par le coteau d'une montagne de haut en bas ſans en ſortir, d'autres deſcendent en bas des va-

lons d'en haut des colines &
montagnes, & d'abord tournent
à monter par une autre coline
ou montagne, qui se trouve vis-
à-vis ; d'autres descendent des
montagnes dans les champs &
plaines & entrent dans iceux ;
d'autres vont par les plaines des
campagnes, des montagnes ou
colines en longueur, plusieurs
fois s'entrecoupent & passent à
travers les unes des autres en
croix, les veines profondes allant
à divers endroits, quelquefois se
joignent ensemble, comme des
rameaux ou chemins, & font
un tronc en forme d'arbre ; d'autres fois étant jointes ensemble
prennent une autre route à ce
fond, & celle qui est à la droite
tourne du côté gauche, & celle
qui est à la gauche court à la droite, d'autres fois la veine rencon-
trant un rocher se partage &

forme des rameaux , lesquels retournent ensuite se joindre , ou s'en vont ainsi séparés comme des filets ; pour connoître si ces veines qui se joignent & à qui elles apartiennent en se traversant, se connoît lorsqu'elles se séparent dans les enchassures & joints des pierres , en examinant vers où elles vont , par leurs marques , si elles descendent au Ponent ou au Levant , ou au Nord , ou au Midi ; la veine profonde a commencement & fin , fond & tête : commencement où elle commence à se former , fin où elle finit , fond dans son centre le plus profond , tête en la surface de la terre ; la veine large a son commencement & sa fin , mais au lieu de tête & de fond , elle a les flancs.

La veine accumulée a commencement, fin , terre & fond ,

comme la profonde : plufieurs fois la veine profonde coupe & traverse la veine large, & la veine accumulée est jointe.

Il y a d'autres veines menuës, qu'on apelle fibres, lesquelles traversent les principales, les acompagnent, ou les dilatent, & plufieurs fois les fibres descendent de la surface de la terre, & nous servent de guide pour trouver la veine profonde, ces fibres détournent ordinairement l'ordre des joints des pierres de la boëte, & les font marquer du côté du Ponent dans le tems qu'elles devoient marquer du côté du Levant, tronquant les lieux, à quoi il faut prendre garde ; ces veines & fibres, font épaisses, massives ou creuses ; les folides & massives n'ont point d'eau, mais elles peuvent avoir quelque air ; les creuses ont peu fouvent

vent d'eau, les veines & fibres maſſives ſont quelquefois dures, & d'autres fois tendres, & d'autres moyennement molles.

CHAPITRE VI.

Où eſt traité & décidé quelles ſont les meilleures veines & les plus lucratives.

DEs veines Métalliques de la terre, les meilleures & les plus lucratives, ſont celles d'entre les veines profondes, qui courent du Levant au Ponent, par un coteau de montagne qui penche vers le Nord, dont la terre qui la couvre, regarde le Midi, & eſt expoſée au Soleil, & le profond d'icelle eſt vers le Nord à l'ombre, & la tête de la mine ou veine, eſt auſſi pareillement à

Tome I.   S

l'ombre du côté de la montagne, auquel état doit toûjours être le fondement & l'apui de la mine, qui est la terre la plus profonde au-dessous d'icelle. On apelle toit & couverture dans les mines le plus grossier & terrestre qui est au-dessus du corps du métal ; les veines qui courent du Ponent au Levant, suivent après & font au second degré avec les mêmes conditions que les premiéres, & ont le troisiéme degré de bonté, les veines qui courent du Nord au Midi, du côté du Nord qui est oposé au Levant, lesquelles veines ont le toict au Ponent, & le fondement & tête au Levant, & les têtes des joints des pierres de la boëte de la veine regardent le Nord, mais les mines qui ont leur fondement & tête au Midi, & que les têtes des pierres de la boëte panchent

au Midi, ou au Ponent ne valent rien, ou peu de chofe ; c'eft
le fentiment de plufieurs, que
les veines defquelles le Soleil
par la force de fes rayons fond
du métal, ne valent rien, quoique contre cela nous en avons
des expériences toutes opofées
dans la mine d'Albertamis Lau-
rencienne, l'affiéte de laquelle a
été trouvée fur une montagne
panchée au midi, & icelle cou-
roit du Ponent en face du Levant, quoiqu'elle ait fa tête, &
fon fondement au Midi, laquelle
veine a été très - riche , nous
voyons auffi par expérience la
même chofe dans les veines d'A-
naberg, qu'il ne faut point mé-
prifer & rejetter les veines qui
courent de la montagne vers le
Midi, & ont les terres au Ponent, cela eft pourtant très-rare,
& certainement on voit cela

S ij

très-rarement dans les riviéres.

Nous avons déjà dit ailleurs, que les veines qui courent du Levant au Ponent rez à rez des montagnes, qui panchent du côté du Nord, ont de l'or lorsqu'elles ont des campagnes du côté du Midi ou du Ponent; après celles-là, celles qui courent du Ponent au Levant, & ont des montagnes du côté du Nord, & des plaines du côté du Midi, ensuite les riviéres qui courent du Nord au Midi, & vont rez à rez des montagnes qui font du côté du Levant; mais les riviéres qui courent du Midi à la montagne, & qui font entourées de montagnes, n'ont point d'or, suivant le commun fentiment. Ce que nous difons des riviéres doit s'entendre auffi pour les ruiffeaux, mais s'il eft vrai que dans les riviéres ne s'engendre point d'or, qui

vient plutôt des montagnes, ayant
été entraîné par les courans de
l'eau, il paroît qu'en quelle difpofition que foient les riviéres on
pourra trouver comment elles fe
communiquent avec une terre
où il y ait des mines & des veines de Métaux.

CHAPITRE VII.

*De la maniére d'éprouver & effayer
les Mines , & leur préparation,
& de la chaleur des Fourneaux
& des Agens pour fondre tous
les Métaux.*

AVant que d'entreprendre la
cave des mines, & de pourfuivre le travail , il faut les effayer, en préparant en premier
lieu le métal , lequel fe prépare
en le brûlant dans le feu , & en

le broyant & lavant, mais il faut
pefer auparavant la pierre pour
voir combien elle diminuë en
la brûlant & lavant. On brûle
& on calcine le métal de la mine, afin qu'il s'amollisse & se
puisse broyer & laver, & si le
métal ou pierre étoit fort dur,
il faut le laver avec du vinaigre,
& le laisser tremper afin que le
feu puisse mieux le pénétrer &
brûler, & le rendre doux; mais
si la pierre que nous voulons
essayer étoit tendre, il n'est pas
nécessaire de la brûler, mais seulement la broyer & laver, ensuite
la sécher, & dans les lotions la
terre & la pierre se séparent, &
laissent le métal tout seul au fond,
lequel étant desséché il faut l'es-
fayer & le fondre; & il faut remarquer que si la veine est riche
de métal, on ne doit point la
broyer ni laver, afin qu'on ne

perde point de métal, mais il faut seulement la brûler & l'attendrir, afin de le tirer par la fusion, laquelle pierre riche on ne doit point la brûler au feu, mais dans un pot bien couvert & luté ; la veine qui n'est pas riche, & qui plutôt est pauvre, on peut la brûler au feu, en la couvrant de charbon, sans qu'il se perde beaucoup de métal, & de la maniére qu'il faut s'y prendre, nous en parlerons amplement ci-après, mais il faut remarquer qu'il y a de certaines choses que les Fondeurs apellent fondans ou agens qui ont la vertu d'aider & adoucir les métaux, & les liquéfier, quoiqu'ils soient durs & dificiles à fondre, d'autres qui les purifient & netoyent, d'autres qui les ouvrent & les disposent à recevoir les impressions du feu ; la terre bleuë, l'ocre,

la litarge, la mine de plomb, le
cuivre, & sa limaille, les scories
de l'argent, l'or, le cuivre, le
plomb, le verre, le salpêtre,
l'alun, le mercure, le sel décrepité, les marbres & le sable blanc;
mais il faut savoir que le plomb
& ses cendres, & la terre bleue,
l'ocre, & la litarge sont bons
pour les métaux tendres & mols,
mais la mine de plomb sert pour
ceux qui sont durs & dificiles à
fondre ; ceux du second degré
sont les scories & les écailles du
fer, le salpêtre, le tartre, & les
fèces de l'eau forte, lesquelles
choses pénétrent beaucoup les
métaux, excepté que l'écaille &
les scories de fer ont seulement la
vertu d'échaufer le métal. Ceux
du troisiéme degré sont la marcasite & les pirites, apellé à Paris
fer à mine, le verre, le sel, le fer
& ses limailles : mais la marcasite

te a principalement la vertu d'em-
brasser fortement le métal & le
défendre du feu ; mais il faut remarquer que pour faire un essai ,
on peut bien soufrir qu'on mêle
quelques-unes de ces choses avec
la pierre de la mine , mais pour
une fonte il ne faut point le faire
sans une grande attention , afin
que la dépense n'excéde pas le
profit. Pour savoir desquelles
choses il faut se servir pour faire
liquéfier le métal sans trop de
dépense ; il faut remarquer la
couleur de la fumée du métal,
qui est en fonte, s'il teint les tenailles , ou la verge de fer que
nous tenons à la main, si la couleur est bien marquée, alors la
mine est bonne, & elle n'a point
besoin d'aucune chose pour l'aider à fondre , si la couleur est
d'un verd obscur & noir, il faut
y jetter dessus quelques pains

faits de marcaffite de cuivre ; fi
la couleur eft jaune, il faut y jetter
de la litarge & du foulfre ; fi elle
eft vermeille du falpêtre ou du
fel ; fi elle eft verte de la veine
de cuivre, litarge & fcories de
verre, tous mêlés enfemble &
bien incorporés ; fi elle eft noire,
du fel fondu ou des fcories de
fer & de la litarge ; fi la couleur
étoit blanche, il faut y jetter du
foulfre & du vieux fer rouillé ; fi
la couleur étoit blanche & verte,
des fcories de fer & du fable de
pierres qui fe fondent, & ne fe
reduifent point en chaux ; fi au
milieu, la fumée étoit jaune, &
aux côtés verte, on y jettera &
mêlera la même chofe, on doit
feulement obferver la couleur de
la fumée, qui nous dit l'aide &
l'agent que nous devons donner
à la mine, fi dans la fonte on
ne voit point des marques & des

signes de la pirite, qui est envélopée avec le métal, parce que
la couleur verte & noirâtre dénote que le métal a autour de
lui du bleu, la jaune de l'orpiment, la vermeille, du sandara-
que ou graisse, la verte, de la
crisocole ou borax, la noire du
bitume, la couleur jaune, & aux
côtés verte, dénote qu'il y a du
soulfre autour du métal : si les veines avoient de l'antimoine ou de
l'alcohol, il faut jetter au métal
des scories de fer ; s'il y avoit de
la marcassite il faut y jetter de
la veine de cuivre, & du sable
fin mêlé de celui dont se servent
les Verriers ; s'il y avoit du fer,
il faut y jetter de la marcassite &
du soulfre.

CHAPITRE VIII.

Des compositions & mélanges qui servent à la fonte des Métaux outre les susdits, selon l'usage & la coûtume des habiles Artistes & Fondeurs des Mines.

IL y a diférens mélanges & compositions, qui aident & facilitent extrêmement les fusions des métaux durs, que le feu ne peut point pénétrer ni ouvrir, & qui sont diférens & plus actifs que ceux qui ont été donnés ci-dessus, desdits mélanges, en voici un : prenez deux tiers de litarge d'or, & une de marbre, & les faites fondre ensemble dans le feu après les avoir bien broyés & incorporés & mis dans un creuset, le tout étant

fondu dans l'eſpace de demi heure ou environ, ſe reduit en eau,
& après on le jette ſur un marbre blanc tout chaud, où il ſe
congêle & reſte comme du verre, lequel il faut rebroyer, &
de cette poudre, lorſque nous
faiſons des eſſais, nous en jettons
un peu dans le creuſet, elle fait
des merveilles, car elle ſépare
les ſcories, & ont peu à la place
de litarge y jetter des cendres
de plomb qui ſe fondent auſſi,
fondez le plomb dans un creuſet & y jettez deſſus du ſoulfre
& le couvrez incontinent avec
ſon couvercle en dôme, lequel
vous ôtez enſuite, & vous y jettez d'autre nouveau ſoulfre, &
y mettez un autre couvercle fait
en dôme, que vous changez ſuc-
ceſſivement juſqu'à ce que le
plomb ſe conſume & ſoit réduit
en cendres.

T iij

Une autre compofition admirable fe fait de fel nitre préparé, du fel fondu, des fcories de verre, du tartre, ou lie de vin féche, de châque chofe une once, de litarge la troifiéme partie, de verre en poudre un douziéme, le tout mêlé avec égale partie de la mine.

Une autre très-forte compofition fe fait en prenant égale partie de lie de vin blanc féche, de fel commun, & fel nitre préparé, faut brûler tout cela dans un pot, ayant couvert la compofition de litarge, jufqu'à ce que le tout foit réduit en poudre blanche, laquelle poudre faut la mêler avec autant pefant de litarge, & il faut y mettre en même-tems la mine dans le creufet, favoir deux parties de mine pour une partie de ce mêlange.

Une autre plus forte fe fait

avec des cendres de plomb, du
fel nitre, de l'orpiment, d'alcohol,
& de feces d'eau forte, la cendre
fe fait en mettant le plomb en la-
mines déliées, en les mettant dans
un creufet lit fur lit avec du foulfre en poudre, & le creufet étant
plein, on y met le feu, & le foulfre
étant tout confumé, le plomb refte
en cendres: il faut que les poids du
foulfre & du plomb foient égaux,
c'eft-à-dire, une livre de châcun,
de fel nitre rafiné & bien broyé
une livre (lequel doit être auparavant mêlé avec une livre d'orpiment en poudre, & fondu au
feu, & jetté fur une pierre pour
qu'il fe congêle, & lors qu'il eft
congêlé on le met en poudre),
puis il faut prendre de l'alcohol
une livre, & du tartre demi livre
& mettre le tout enfemble au
feu, & étant fondu on le jette fur
la pierre, la matiére étant coagu-

lée, on la pile, on prend de cette
poudre une livre, d'antimoine demi livre, cendre de plomb une
livre, poudre de sel nitre & d'orpiment une livre, on mêle le tout
ensemble, on en fait une poudre de laquelle en en jettant une
partie sur la mine, la fait fondre
admirablement bien, & la netoye des scories.

Une autre composition très-
forte, en prenant deux dragmes
de soulfre, scories de verres deux
dragmes, alcohol, sel commun
fondu, sel d'urine cuite, salpêtre
préparé, litarge, de la terre noire
de mine, tartre, sel de cendres,
feces d'eau forte, alun calciné,
de châque chose demi once, une
once de camphre, & de soulfre
qui soit bien broyé, & mis en poudre, on mêlera une partie de ce
soulfre avec une partie de mine
& deux de plomb, & il faut cou-

vrir le creuset avec du verre en poudre, & dans une heure & demi la mine se fond, & se précipite au fond du creuset une masse de métal, se séparant & netoyant des scories, laquelle en la rafinant sépare l'or du plomb.

Il y a une autre composition qui purifie les mines & les Métaux, du soulfre, de l'orpiment & sandarac, avec lesquels ils sont envélopés, laquelle se fait d'égales parties de scories de fer, de sel & de tuf blanc, & après avoir netoyé & purifié le métal avec cette composition, il faut le fondre en le mêlant avec du tartre.

Autre mêlange, prenez deux parties du minéral, une de limaille de fer, une autre de sel, & le tout étant mêlé, fondez-le dans le creuset.

Autre, prenez parties égales du minéral & de plomb, & un

peu de limaille de fer, & fondez.

Autre, jettez un lit de minéral dans un creuset, & un autre de sel trempé dans de l'urine trois ou quatre fois, & séché, & en continuant de mettre lit sur lit, remplissez le creuset, le couvrez de son couvercle, luttez & fondez.

Et si la veine est d'or, il faut prendre partie égale de mineral, & de terre noire (qui est une pierre minérale dont les Menuisiers se servent pour marquer leur mesure) du tartre, du sel, & fondez le tout.

Autre composition admirable donnée pour un grand secret à la Princesse de Salerne.

Prenez du salpêtre préparé, du sel armoniac, & du sel alkali demi livre de châcun, borax calciné trois onces, mêlez le tout après l'avoir reduit en poudre fine, de cette poudre prenez en deux parties, & une de mine réduite en poudre subtile, & passée par le tamis fin, & les fondez sur un feu moderé & doux.

CHAPITRE IX.

Préparation du Salpêtre, du Sel artificiel, & du Sel fondu & liquifié.

Attendu que dans les compositions ci-dessus on fait mention du salpêtre préparé, du sel artificiel, il est à propos de déclarer en ce present Chapitre, ce que c'est que ces sels.

Le salpêtre on le jette dans un pot, on le couvre de litarge, & dessus on y verse plusieurs fois de la lessive faite avec de la chaux vive, & on le cuit jufqu'à ce que le feu le confume, de forte que le feu ne puiffe point l'alumer.

Le fel artificiel fe fait en plufieurs maniéres, la premiére en prenant égales parties de lie de vin, de vinaigre, d'urine d'homme, faifant cuire le tout jufqu'à ce que l'humidité étant évaporée, il vous refte le fel congelé; on le fait auffi d'égales parties de cendres, de chaux & de tartre, de fel fondu & de toutes ces chofes une livre de châque, & on les jette dans vingt livres d'urine humaine, & on fait cuire jufqu'à la diminution du tiers, après on le paffe à travers d'un linge, & on mêle ce qui refte avec une livre de fel commun, & huit livres de leffive, & le pot où on a mis le tout, faut le couvrir avec de la litarge, & faut faire cuire jufqu'à ce que tout l'humide foit confumé, & que le fel refte congelé.

On fait auffi le fel artificiel avec du fel commun, & fer rouillé, mis dans un pot, il faut le remplir d'urine humaine & le couvrir de fon couvercle, faut le mettre en digeftion dans le fumier pendant un mois, & que le fumier foit tiéde, puis on tire le fer, & on le lave très-bien avec de l'urine, & ce qui refte on le cuit jufqu'à ce qu'il fe congêle en fel, il fe fait auffi dans la leffive des cendres & chaux avec égales parties de fel commun, favon, tartre blanc, & falpêtre cuits tous enfemble jufqu'à ce qu'ils foient réduits en fel.

Le fel fondu fe fait en rempliffant un pot de fel commun, l'ayant bien couvert & entouré de feu de charbon autour, on

le laiſſe cuire juſqu'à ce que le
ſel qui eſt dedans ſe fonde par
la force du feu, & ſe réduiſe en
une pierre dure. Il y a d'autres
maniéres de le fondre, mais celle-
ci eſt la plus facile.

CHAPITRE X.

De la maniére d'eſſayer les Métaux & premiérement l'or.

Uiſque nous avons déclaré
la préparation du minéral, &
quelques autres ſecrets concernant les veines, il ſera bien de
dire l'ordre qu'on doit tenir pour
en faire les eſſais pour connoître la pauvreté ou la richeſſe des
Métaux & des mines.

On doit faire un fourneau,
ou forge, où il faut placer le
creuſet, & étant rouge faut y

jetter dedans une demi balle de
plomb, & étant fondue on y
jettera deſſus la mine envélopée
dans du papier, & il faut la remuer avec une verge de fer,
juſqu'à ce qu'elle ſe fonde, le
métal s'incorpore avec le plomb
& les ſcories nagent ſur la matiére, il faut que le plomb n'ait
aucun mêlange d'argent, & ſi
vous n'en êtes pas ſûr, il faut
l'examiner par ſon poids, pour
voir combien il contient d'argent, afin de ſavoir au vrai combien d'argent ou d'or ſort de la
mine, & combien il y a d'alliage
au plomb parce qu'autrement on
perdroit le tems, & le travail
ſeroit inutile.

Il y a une autre maniére de
l'eſſayer, qui eſt de fondre la
veine dans un creuſet, avec quelque mêlange de compoſition qui
l'aide, & qui lui ſoit convenable,

après que le métal eſt fondu, on
doit l'afiner dans une coupelle
compoſée, comme il ſera dit ci-
après en ſon lieu, lorſque nous
traiterons du départ des métaux,
& on doit en faire les épreuves
& les eſſais; de quelques-unes
des façons ſuſdites, il eſt à propos que nous diſions quel genre
de minéral apartient à un châcun
d'iceux, & lequel doit être eſſayé
avec le plomb, & quel avec autre
mêlange de compoſition de choſes qui l'aident à bien fondre, ou
s'il eſt mieux que le métal ſoit fondu ſeul ſans mêlange d'autre choſe, commençant par la mine de
l'or.

L'or eſt aidé par quelle que ce
ſoit de ces deux maniéres, tant
pour l'eſſai que pour la fonte,
en eſſayant l'or, & voir de quelle
maniére lui convient le plus, on
doit conſidérer ſi la mine paroît
riche,

riche, & si elle fond d'elle-même aussi-tôt, il faut prendre deux dragmes du minéral, & deux onces de plomb, ou une once & demi, & tout étant mêlé ensemble, il faut le jetter dans un creuset, jusqu'à ce qu'il s'incorpore, & faut y jetter dessus un poids de sel commun décrepité, ou de sel artificiel, & le remuer avec une verge de fer, afin que le plomb soit tout autour de l'or, & l'attire à soi, & en sépare les scories, de sorte qu'allant au bord du creuset en forme de cercle, d'abord faut le jetter dans une lingotiére, & étant froid & congelé, faut le jetter dans une coupelle & lui donner un feu doux jusqu'à ce que tout le plomb se consume & s'en aille en fumée, & que l'œil reste pur.

Mais si la veine & minéral est d'une qualité dificile, & dure à

la fonte , cela marque que la
mine eſt pauvre , il faut la calciner & la brûler au feu dans un
four ou dans un fourneau , &
étant bien rouge , faut l'éteindre
dans de l'urine d'enfant , dans
laquelle on aura auparavant diſ-
ſout du ſel commun , ce qu'il
faut reïterer pluſieurs fois, parce
que plus on la brûlera & calci-
nera , & d'autant plus facilement
elle ſe mettra en poudre , & ſe
fondra dans le feu , & ſe débar-
raſſera plus facilement. & mieux
des ſcories , d'abord que la mine
ſera calcinée, faut la mettre en
poudre fine , & faut la paſſer par
le tamis , s'il eſt néceſſaire , &
qu'elle eût des parties trop dures,
il faut la bien laver , & ce qui
reſtera au fond de l'eau faut le
faire ſécher au feu , & on prendra une partie d'icelle avec trois
parties de quelques-unes des ſuſ-

dites compositions, celle qu'on
jugera à propos, & six parties
de plomb, on mettra le tout
dans un creuset, & on donnera
au commencement feu doux,
jusqu'à ce qu'il entre en chaleur,
& après on l'anime peu à peu
avec le souflet, jusqu'à ce qu'il
se fonde comme de l'eau, & s'il
ne se liquefioit pas, on y jettera
un peu plus de la composition
mouillée avec de l'eau, dans laquelle on aura détrempé de la litarge, & on la mettra dans le creuset, jusqu'à ce que la matiére soit
bien fondue, puis on verse la
matiére étant bien nette & sépa-
rée des scories dans la lingotiére,
& après on la fond dérechef dans
un autre creuset net pour qu'elle
se purifie plus facilement, ensuite on la met à la coupelle,
& l'or qui restera pour savoir s'il
est mêlé avec de l'argent, il faut

V ij

le toucher fur la pierre de touche.
La maniére de féparer l'or & l'argent nous la dirons en fon lieu.
On peut examiner & effayer l'or
en une autre maniére : prenez
deux dragmes de minéral & le
mêlez avec des fcories, & du
verre quatre dragmes, & s'il
étoit dur à fondre dans le creufet, jettez y une dragme de tartre calciné, & fi cela ne fait pas
fon efet, jettez-y des feces de
vinaigre féchées une dragme,
ou des feces d'eau forte brûlée,
& d'abord le métal fe féparera,
& fe précipitera au fond du creufet, & la fcorie furnagera ; mais
comme j'ai dit ci-deffus, qu'il
falloit regarder fi la mine de l'or
étoit riche, & qu'il paroît dificile de le connoître avant que
d'en faire l'effai & de la fondre,
je dirai en cet endroit un fecret
comment on pourra le connoître.

Prenez la pierre de la mine apellée pirite, qui est celle qui a une couleur d'or, en maniére de marcassite, & la calcinez dans le feu, puis la jettez dans le vinaigre, dans lequel on ait dissous du sel ou mêlé de l'urine d'homme, puis calcinez-là dérechef, & l'éteignez une autrefois, & si elle ne perd point sa couleur, & la pierre ne se fend, & ne se casse point, il est certain qu'elle contient de l'or, & si elle change de couleur & se fend, se met en piéces, elle ne vaut rien, & la mine est pauvre & sans or.

Il y a une autre maniére pour connoître si la marcassite ou pirite minérale contient de l'or, la touchant à la pierre de touche pour marquer le métal, & ensuite en la calcinant & récalcinant, si après on la passe à la

pierre de touche , & donne la
même teinture qu'elle avoit donnée anparavant de la paſſer au
feu, c'eſt une marque que la mine
a de l'or.

Il y a une autre maniére pour
connoître ſi la marcaſſite contient de l'or , en la broyant &
lavant, ce qui reſte en la lavure, la
faiſant fondre dans le creuſet avec
du charbon, ou dans un grand
charbon creuſé au milieu, couvrant le creux avec un autre charbon : ſi la marcaſſite ſe fond bien,
& jette peu d'odeur, & ſi après
avoir été fonduë il reſte une bonne couleur, c'eſt une marque
que la mine contient de l'or.

CHAPIRTRE XI.

Comment on afine l'or fans feu.

POur afiner l'or fans feu, les Savans dans l'Art des Mé-taux nous ont laiſſé & nous ont découvert la maniére, & comme c'eſt une choſe ſi néceſſaire, j'ai bien voulu en faire un Chapitre particulier, & ſe fait ainſi qu'on và l'enſeigner.

Prenez le minéral & le trempez dans l'eau pendant un tems, & le brûlez un peu, c'eſt-à-dire, autant qu'il faut pour l'échaufer, & ne le tenez au feu que juſqu'à ce qu'il commence à jetter ſon odeur, puis le mêlez dans un plat de bois avec deux fois autant qu'il peſe de mercure crud ou dans un mortier de bois, & avec

un peu d'urine, il faut le bien
broyer pendant deux heures avec
un pilon de bois, jusqu'à ce que
le métal augmente & s'épaississe
en consistence de pâte, lorsqu'a-
vec de l'eau elle est broyée de
maniére qu'on ne connoisse plus
la mine ni le mercure, étant bien
incorporés ensemble, alors lavez-
là dans un plat avec de l'eau
chaude, changez l'eau jusqu'à
ce qu'elle en sorte claire & nette,
& l'or restera dans le plat avec
le mercure incorporés ensemble, & la terre s'en ira avec les
laveures, mettez cette masse
dans une écuelle d'eau fraîche,
ou versez dans le même plat de
l'eau fraîche, & par la force de
l'eau le mercure fuit & se ramasse
& rejoint, & l'or demeure seul
afiné, & séparé des scories,
alors nous prenons le mercure,
nous le jettons dans un linge
vuid

crud de chanvre, ou dans un filtre délié, ou dans une bourſe de peau de cerf, & on la lie très-étroitement avec un fil, ou de la fiſſelle cirée & forte, & en le preſſant fortement entre les doigts, le mercure ſort, que l'on reçoit dans un plat, & l'or reſte dans le linge, ou dans le filtre , ou dans la bourſe , lequel on fond, & on le purifie en le mettant dans un creuſet.

D'autres pour ſéparer l'or du mercure s'y prenent de cette maniére, ils jettent le mercure & l'or mêlés enſembles, & en maſſe dans un pot de terre ayant le fond étroit en maniére d'une calebaſſe, ou d'une fiole, & on lui donne feu peu à peu, étant chaud couvrant l'entrée du vaiſſeau avec un couvercle de fer, & font ſuer le métal , laquelle ſueur s'attache à la planche de fer qui

couvre le vaiſſeau, s'ils voyent
qu'il n'y a pas de ſueur attachée,
mais qu'elle eſt ſéche, & que le
métal ne ſue point, luttent la
planche de fer avec de la terre
graſſe & ferment l'entrée du
vaiſſeau exactement, laiſſant un
peu bouillir la maſſe du métal,
retirant le vaiſſeau du feu, l'ouvrent, & avec une patte de lié-
vre font tomber le mercure qui
eſt attaché à la plaque de fer,
& l'or reſte pur & afiné, mais
quoique de cette maniére l'or ſe
ſépare & s'afine bien, le mercure ſe perd en partie, & plus qu'en
l'autre maniére ci-deſſus, en paſſant le mercure par le filtre.

D'autres jettent dans une bou-
teille de verre le mercure & l'or,
ou dans une retorte, & y adap-
tent un grand récipient à demi
plein d'eau, & luttent bien les
jointures avec de la farine, blancs

d'œufs & de la chaux vive, puis
donnent feu à la retorte où eſt
le mercure, & le mercure paſſe
en vapeur dans le récipient où
il reprend ſa premiére forme, &
il ne ſe perd rien.

D'autres au lieu de nettoyer
le minéral de la pierre avec de
l'eau chaude, le lavent très-bien
avec de la leſſive forte, & le vinaigre, & mêlans enſemble ces
deux derniers dans un pot, avec
le mercure & le minéral bien
lavé, calciné & ſéché, comme
dit eſt, enſuite ils mettent le pot
dans le fumier, & l'y laiſſent un
jour, c'eſt-à-dire, vingt-quatre
heures, ou dans un vaiſſeau d'eau
bouillante pendant une heure,
& y mêlent un peu de couperoſe, puis le tirent du feu, & ver-
ſent la leſſive par inclination, le
mercure & l'or reſtent joints enſemble, leſquels ils ſéparent de

la maniére que nous avons dit
ci-deſſus, du mercure pour le ſéparer de l'or ; & ſi l'or contient
du cuivre, on l'afine avec du
plomb dans une coupelle ; & s'il
contient de l'argent, on fait le
départ avec de l'eau forte, de la
maniére que cela ſe fait, nous
en parlerons dans la ſuite, au
Chapitre où eſt traité de la maniére de ſéparer les métaux qui
ſont mêlés enſemble.

CHAPITRE XII.

De la maniére d'examiner, & d'eſſayer l'Argent.

LA veine de l'argent qu'on
doit eſſayer & examiner ſi
elle eſt riche, on doit la purger
de la terre, & la faire rougir au
feu, & en jetter deux dragmes

fur une once de plomb fondu
dans un creufet, où il la faut
laiffer jufqu'à ce que tout le
plomb foit confumé & évaporé,
cela ·s'entend lorfque l'argent
vient dans la mine tout feul.

Mais fi la mine eft pauvre ou
raifonnable, on doit auparavant
la fécher, & enfuite la mettre en
poudre, & la laver, & jetter
une once de plomb fur deux dragmes de mine, & les fondre dans
un creufet jufqu'à ce que le tout
foit réduit en eau : & fi la mine
étoit dificile à fondre, on y jet-
tera·deffus un peu de la compofition en poudre de la premiére
que nous avons enfeigné au Chapitre des Compofitions, & agens
des Métaux, & s'il·ne fufit pas,
il faut y en mettre davantage,
jufqu'à ce que par fa vertu il puiffe
vaincre la dureté du métal, le
fondre & liquefier, & ayant jetté

la matiére cuite l'ayant échau-
fée, fait un creux au milieu, on
la laiffe coaguler, puis on l'afine
dans une coupelle avec le plomb
en la maniére que nous dirons
en fon lieu, & l'argent reftera en
la coupelle, laquelle vous peferez, & connoîtrez par fon poids
la valeur de la mine, vous verrez par-là fi elle eft riche ou pauvre, & s'il convient de pourfuivre le travail, ou le faire ceffer,
ou fi le profit peut fuporter les
dépenfes, & finalement ce qu'on
en peut efpérer : prenez garde
fur tout que le plomb dont vous
vous fervirez pour l'effai ne contienne point d'argent, & s'il y
en a, il faut au moins qu'on le
fache, pour qu'on puiffe tabler
jufte, & ne point fe tromper.

CHAPITRE XIII.

De la maniére que l'on doit essayer & fondre le cuivre.

LE cuivre doit être assayé diféremment, parce qu'il ne soufre point de compagnie avec le plomb, plutôt le dévore, le gâte, & le détruit entiérement au feu, ainsi nous devons prendre la mine & la peser, ensuite la faire rougir dans un feu violent, & étant refroidie, la mettre en poudre & la laver, la brûler de rechef dans un creuset ou dans quelqu'autre vaisseau, la lavûre du métal qui reste au fond du vaisseau où elle a été lavée, faut la mettre en poudre une seconde fois, puis la laver & sécher, pour voir la quantité de métal ou mi-

X iiij

néral qui s'eſt conſumé dans la lotion & dans le feu, & ce qui reſte en culot dans le creuſet, eſt le corps du cuivre que les Eſpagnols appellent (confruſtaño) duquel il faut en prendre ſix dragmes avec autant d'écailles de cuivre de celles qui ſautent lorſqu'on le travaille tout chaud au marteau, autant de ſalpêtre, de verre, le tout mêlé enſemble le jetter dans un creuſet avec le corps du cuivre ci-deſſus dit, & le couvrez de bon charbon, de ſorte qu'il ne tombe point de terre dans le creuſet, vous le fondrez lui donnant feu doux peu à peu juſqu'à ce qu'il entre en chaleur, qu'il faut enſuite augmenter & donner plus fort, & à la fin très-violent pour faire conſumer la compoſition, & mélange & faire ſéparer les ſcories du métal, ôtez alors le creuſet

du feu, & le laiſſez refroidir,
étant froid caſſez-le, & verrez,
en le peſant,combien il vous reſte
de cuivre fin.   D'autres l'afinent
& l'examinent ainſi, c'eſt-à-dire,
ils mettent en poudre une fois le
métal, le lavant, le ſéchant, &
en prenent ſix dragmes, fondent
le tout dans un creuſet, l'ôtent
du feu le laiſſent refroidir ; & ſi
le métal eſt riche, ils trouvent
au fond du creuſet une maſſe de
cuivre nette & purifiée de ſes
ſcories; s'il eſt moyennement riche, ou s'il eſt pauvre, on trouve le métal envélopé dans une
maſſe de pierre dure, laquelle
il faut calciner de nouveau, la
mettre en poudre & la laver,
on la fait fondre dans un creuſet avec un peu de marbre blanc
en poudre, & du ſalpêtre, le
cuivre reſte net & pur,mais ſi l'on
voit ou l'on doute que le cuivre

est mêlé avec de l'argent ou de l'or, la maniére qu'on doit savoir pour l'en séparer, nous la dirons lorsque nous parlerons de la séparation des Métaux mêlés, si en la pierre ou minéral du cuivre, avant qu'il soit métal, on veut savoir s'il est mêlé avec de l'argent, il faut faire ainsi, brûlez le minéral, mettez-le en poudre & le lavez, prenez deux dragmes du métal lavé & séché, le mettez avec un peu de litarge d'or rouge, fondez-le dans un creuset pendant une heure, & ayant sué les scories par la force de la litarge, tirez le creuset du feu, & le laissez refroidir, séparez le métal des scories, & le pilez de rechef, & sur deux dragmes jettez-y une once & demi de bales de plomb, & dans un creuset rougi au feu vous le fondrez en y mêlant quelques pou-

dres de compoſition , & étant
fondu, tirez le hors du creuſet, &
le laiſſez refroidir, puis le nettoyez
en ſéparant le métal des ſcories,
& finalement fondez-le avec un
peu de plomb , & l'afinez à la
coupelle, juſqu'à ce que le plomb
& le cuivre ſoient conſumés, &
s'en aillent en fumée , & que
l'argent reſte ſeul en maſſe.

CHAPITRE XIV.

De la maniére d'examiner &
eſſayer le Plomb.

POur bien examiner & eſſayer
le plomb ou ſes veines, il faut
prendre demi once de miniére
de plomb, & autant de criſoco-
le ou borax, qu'il faut mettre en
poudre & le mêler , puis vous le
fondez dans un creuſet , & étant

fondu, faut vuider le tout, & le plomb qui fe trouvera au fond du creufet ou dans la lingotiére où on le jettera, vous le peferez pour voir combien il rend par livre, ou par quart de quintal, ou quintal de mine, parce qu'il pourroit fe faire que dans le plomb il y eût de l'argent, il faut l'afiner dans une coupelle jufqu'à ce qu'il foit tout confumé & évaporé, & que l'argent fe coagule & s'endurciffe au fond de la coupelle.

On peut auffi prendre la miniére & la calciner, la mettre en poudre, la laver, la fécher, & en fondre deux onces dans un creufet avec demi once de cuivre brûlé, & une once de verre en poudre, & demi once fel commun, donnant feu peu à peu de crainte qu'il ne créve, jufqu'à ce que le creufet foit bien chaud, & étant fondu faut lui donner un feu véhément, puis tirer le creuset du feu, & le laisser refroidir, on doit le mettre sans l'éteindre dans l'eau, afin que le plomb ne s'envole pas, & ne se mêle avec les scories, & qu'après l'essai ne soit faux, & au fond du creuset vous trouverez la masse du plomb toute assemblée, laquelle vous peserez & examinerez, comme il est dit, & verrez combien elle contient d'argent, pour voir s'il vaut la peine d'en tirer l'argent, ou de le laisser avec le plomb.

Il se fait pareillement, en brûlant, broyant & lavant le plomb, le fondant avec un peu de marbre blanc en poudre, ou avec des écailles ou scories de fer, ou avec de la limaille de fer ou d'acier.

On peut aussi l'essayer en prenant deux onces de mine, demi once de litarge , deux dragmes de verre, demi once falpêtre , & le fondant avec ce mélange ; fi elle fe fond dificilement, il faut y ajouter un peu de la limaille de fer, qui a une grande force d'échaufer le métal , & d'en féparer les fcories.

CHAPITRE XV.

De la maniére d'examiner , & *d'effayer les Mines du Plomb* *blanc , c'eft-à-dire , de l'Etaing.*

POur effayer & examiner la mine de l'étaing , on doit brûler & calciner le minéral , le broyer, le laver & étant fec une feconde fois, il faut mêler trois dragmes du minéral ainfi préparé, avec deux dragmes de borax, en humectant la poudre de la mine & du borax avec de l'eau froide, il faut en faire une masse tendre, puis on fait un creux dans un gros charbon bien profond à la hauteur d'une palme, large de trois doigts à l'entrée, & étroit au fond, ce charbon faut le mettre dans un pot à fleurs, ou autre vase de terre, & remplir ce vaisseau tout autour de charbon menu, net & bien alumé, ce grand charbon qui est creux étant alumé, jettez-y dedans la masse du métal par le trou que vous y avez fait, & le couvrez avec un gros charbon alumé, & souflant avec le souflet fortement, jusqu'à ce que la masse fonde, & par le bas du trou du charbon qui est le plus étroit, l'étaing court dans le vase ou pot de terre.

On peut aussi prendre un grand

charbon, & le trouer en la manière susdite, & le luter par dedans, afin que le métal n'en sorte point, & faire un trou dans la terre, & y enterrer le charbon, & sur le trou d'en haut y mettre des charbons menus, & au milieu des charbons de métal, & soufler avec le souflet jusqu'à ce que le métal flue & tombe dans le trou de la terre par le trou d'en bas du charbon troué.

Le plomb cendreux se fond & s'examine, le pilant en morceaux, le jettant dans un creuset, lui donnant feu jusqu'à ce que le plomb distille & tombe au fond du creuset & se mette en corps & en masse.

CHAP.

CHAPITRE XVI.

De la maniére d'essayer le vif-Argent ou soit Mercure.

LE Mercure ou vif-Argent, ainsi nommé par les Alchymistes, on l'essaye de cette maniére pour le connoître.

Il faut prendre un poids de minéral avec trois de charbon en poudre, & une poignée de sel, le tout mêlés ensemble, faut le jetter dans un pot ou vase, qu'il faut couvrir avec une thuile, ou têt de pot de terre, & le luter, le lut étant sec faut le placer au milieu des charbons alumés, & lorsque le vaisseau est rouge de feu, faut l'ôter du feu, parce que si on l'y tient plus long-tems, le mêlange brûle le

Tome I.   Y

vif-argent, & le refout en fumée, ayant ôté le vaiſſeau du
feu, & l'ayant laiſſé refroidir,
ſe trouve attaché au fond dudit
vaiſſeau.

On l'eſſaye auſſi en prenant
le minéral du mercure, le mettant en poudre, & le jettant dans
un vaſe de terre, ou cucurbite
de grais, ayant ſon chapiteau à
bec qu'on met au feu avec le
métal, & on adapte au bec du
chapiteau un grand récipient
plein d'eau fraîche, où le mercure diſtille en donnant feu à la
cucurbite, & paſſe en fumée
dans ledit récipient, ſe congéle
dans l'eau froide, & devient du
mercure coulant bien blanc.

On eſſaye auſſi le mercure en
la maniére dont on ſe ſert communément dans une fonte que
l'on fait dans les mines du vif-
argent, de laquelle nous parle-

rons en son lieu , lorsque nous traiterons de la fonte des Métaux.

CHAPITRE XVII.

De la maniére d'essayer le Fer.

LE fer s'essaye en calcinant le minéral, & en le mettant en poudre, le lavant, le séchant, & avec une pierre d'aimant fine on le frote & on l'enterre dans ladite poudre, & s'il s'attache beaucoup de limaille de fer à la pierre qui se trouve dans la mine en poudre, alors la mine est riche, & lorsqu'il s'y en attache moins, d'autant plus pauvre est la mine, & si la pierre d'aimant n'attire rien ou peu de chose, on ne doit point perdre son tems à cultiver cette mine,

alors ramaſſez tout ce que la pierre d'aimant aura attiré à elle des
laveures du métal , & l'ayant
mêlé avec du ſelpêtre , fondez-le
dans un creuſet , & peſez ce qui
vous reſte dans la fonte, & voyez
par-là la recherche & le produit
de la mine.

Fin du Livre cinquiéme.

LIVRE VI.

Où est traité de la maniére qu'on doit préparer les Métaux pour la fonte, où est enseignée la métho-de de les calciner & les broyer, laver, fécher & autres tours de mains particuliers & néceffaires.

CHAPITRE PREMIER.

De la féparation des Métaux mêlés.

L Orfqu'on cave les mines, faut avoir grand foin de fé-parer les Métaux qui peuvent

donner un grand profit, dans le
même puits de ceux qui n'en
donnent pas tant, parce que sans
ce soin & diligence il arrive souvent qu'on augmente les frais &
les dépenses, en mêlant le dur
avec le tendre, le pur avec l'impur, le gluant avec le liquide,
& le grossier avec le subtil & le
sec, & pour cela ceux qui creusent les mines, étant dans les
puits, doivent séparer la veine
de la caisse & du reservoir du
corps du métal, en nettoyans
les sucs, gommes & bitumes,
qui s'engendrent ordinairement
autour des Métaux, lesquels
étant mis avec le métal au feu,
l'endurcissent & empêchent la
fusion, ou le rongent, le man-
gent & le gâtent, & le font exhaler en fumées, & si par hazard
ceux qui creusent les mines ou-
blient de faire ce bien au métal,

les Maîtres des Mines doivent
avoir des hommes gagés pour
cela qui féparent du métal tout
ce qui peut y préjudicier, & leur
donner des endroits deftinés pour
cela où l'on n'y faffe autre chofe
que de féparer du métal tout ce
qui n'eft point de fon efpéce,
parce qu'il eft certain qu'il arrive des inconvéniens, que la pierre pure & la terre font fondus
avec le métal riche fans profit,
& pour bien faire, il faut après
avoir féparé une fois le métal
dans la mine, le broyer & caf-
fer, le féparer encore une feconde fois de l'impur, afin que les
Métaux étant fondus foient pa-
reils, & mettant châque chofe
à part, il faut fondre châque efpéce de métal féparément.

Et il y a certains Métaux, que
pour les rompre facilement, &
les mettre en poudre, il faut au-

paravant les calciner, comme
on fait en Allemagne dans les
mines de Westfalie & Destualie,
d'autres ne prennent point cette
peine de les calciner, comme
dans les mines de Gosclaria.

CHAPITRE II.

De la maniére qu'on doit brûler, & calciner les Métaux.

Nous avons dit plusieurs fois
que le minéral doit être calciné, dans ce present Chapitre
je dirai comment on doit le calciner, après avoir déclaré la cause & la raison pourquoi on le
calcine & on le brûle : & faut
savoir que les veines des Métaux
se brûlent pour deux raisons : La
premiére, afin de les attendrir,
pour qu'on puisse les mettre facilement

cilement en poudre, tant pour
faciliter les Métaux de se séparer de la terre, que pour les ouvrir afin que le feu puisse les pénétrer & les fondre : La seconde, afin que si au tour de la mine
il y a quelque chose d'étrange
comme liqueur, bitume ou demi
minéral corrosif qui la ronge, &
gâte avant qu'on la fonde, soit
soulfre, arsenic, orpiment, san-
darace ou autre bitume, puisse
s'exhaler, s'évaporer & se consumer en brûlant le métal au feu
avant que de le mettre en fonte,
parmi lesquels métaux se trouve
ordinairement le soulfre, & à
tous fait du dommage excepté à
l'or, celui à qui nuit le moins
est le plomb blanc ou soit étaing,
& celui qu'il détruit le plus est
le fer ; mais comme il arrive très-
rarement que l'or se trouve dans
les minéraux sans mélange d'ar-

gent, il faut le calciner, parce
que si dans la fonte il y a quelque partie de soulfre, dévore
l'argent & le réduit en cendres
& en scories, comme on le voit
par expérience certaine en la
pierre calamine bitumineuse.

Cela dit, venons maintenant
à traiter des maniéres comment
on brûle les Métaux, desquelles
la premiére est commune à tous
les minéraux ; on fait une Aire
quarrée & grande sur le pavé ou
four, haute d'une coudée ou
deux, ouverte pardevant, & fermée par les côtés, & dedans on
y met des licts de grosses bûches
de bois en long, les unes sur les
autres en croix en maniére de
deux grils mis à travers l'un sur
l'autre, & le creux étant plein
de bois, on charge le dessus de
minéral pilé, en mettant premiérement un lict du plus gros, &

en autre du moyen, & un troisiéme du menu jusques à ce qu'il
se forme un monceau en pointe,
& afin que le plus menu & le
sable ne tombent point en bas
se brûler par les concavités des
pierres & du bois, on les arrose
& humecte avec un peu d'eau,
& on les foule avec un batoir
uni, & si ladite mine n'est point
sabloneuse, ils couvrent le monceau du minéral avec du charbon en poudre, afin que le feu
ne respire point à la maniére des
fours à charbon, & ensuite y
mettent le feu jusques à ce que
la mine se brûle & se calcine.
Il y a quelques-uns qui pour attendrir davantage le minéral
avant qu'il soit refroidi, le jettent tout chaud dans l'eau, afin
qu'il devienne tendre & friable.
Quelques-uns se contentent de
le brûler une fois, d'autres deux

Z ij

& d'autres trois, selon la nature
& la qualité du minéral ; l'Aire
du plomb où on le calcine doit
être un peu penchée.

La pirite ou marcaffite qui
contient ordinairement de l'or,
il arrive fouvent qu'elle a tout
autour d'elle du foulfre, & de la
terre noire, afin qu'en la brûlant
ne s'en aille point en fumée &
ne fe perde, ils la brûlent dans
un fourneau fermé avec fa chape ronde en forme de dôme.

Si la marcaffite ou cadmie eût
beaucoup de foulfre ou de bitume profitable, pour ne point les
perdre, il faut faire ainfi pour
la calciner ; faites un fourneau
quarré, ouvert pardevant, fur
lequel vous mettrez une planche
de fer ayant beaucoup de trous
pleine de charbons, & fous la
planche où foit la mine de fer
il y aura un vaiffeau plein d'eau

ou plufieurs, dans lefquels vaiffeaux le foulfre ou le bitume
tombera dans le tems que la pirite ou cadmie fe brûle; fi c'eft
du foulfre paroît dans les vaiffeaux une graiffe jaune; fi c'eft du
bitume en paroît une grifâtre, &
comme de la poix qui furnage à
l'eau, laquelle, fi on ne l'ôtoit
pas, nuiroit grandement au métal dans la fonte, & en la féparant aporte un grand profit,
étant utile à bien des chofes,
& la vapeur qui ne tombe point
dans les vaiffeaux pleins d'eau,
& qui s'attache au pavé du fourneau, ne fe coagule pas, & refte
en forme de cendres de foulfre
ou bitume, qui en fouflant lége-
rement fe fouleve en guife de
fleur de calamine ou foit tutie
qui fert à beaucoup d'ufages.

D'autres font un fourneau fa-
briqué de cette maniére; ils dref-

sent une muraille quarrée ouverte par devant, & du milieu en bas ils y font un pavé ouvert en quelques endroits d'où peuvent découler les liqueurs, & divisent la partie inférieure avec une muraille divisée en deux parties égales en long, & dedans y placent les vases pleins d'eau froide où doit tomber le soulfre & le bitume, l'autre moitié d'en haut la divisent avec deux parois en trois parties inégales, parce que la chambre du milieu est ouverte par le haut, les autres deux des côtés ont en haut deux petites portes de fer, & au bas un pavé avec certaines barres de fer mises à travers en forme de grils, & sur ces barres de fer on y pose les pots pleins de métal pirites ou calamine bitumineuse, lesquels pots ont au fonds beaucoup de trous; dans la chambre

du milieu on y jette le bois, &
lorsqu'on y a mis le feu on ferme
les portes de fer des autres deux
chambres, & le métal se brûle
par le reverbere de la flamme,
& le soulfre ou bitume coule
par les trous des pots & grilles,
& tombe dans les chambres d'en
bas où sont les pots pleins d'eau
fraîche, & là se coagulent, &
ramassent, & le minéral reste
bien calciné & brûlé.

CHAPITRE III.

De la maniére de moudre, de broyer
& piler les Minéraux.

APrès avoir brûlé, & calciné
les Métaux ou Minéraux,
il faut les piler & les réduire en
poudre, & faut savoir qu'en pul-
vérisant les Minéraux on a deux

profits, l'un que le métal se sépare de la pierre, & le mauvais du bon, & il se facilite à la fusion. Le second est que le métal étant ouvert, reçoit mieux les impressions du feu de toutes parts, & se brûle également, & empêche qu'un métal soit crud, & l'autre recuit, & consumé : ce broyement des Minéraux se fait de différentes maniéres moyennant quelques instrumens, & machines de marteaux & maillets de fer, & bâtons ferrés, & roüës qu'on tourne à force de bras, & d'autres qu'on fait tourner par moyen de l'eau, comme les roüës où sont attachés des augets à puiser l'eau, & étant des choses dificiles, & qu'un châcun doit les voir de ses propres yeux. Nous ne dirons pas autre chose sinon que le Maître de la Mine aura le soin de choisir des Maîtres

Artiftes qui foient au fait de la Méchanique pour la compofition de ces fortes de machines dont on peut avoir befoin, quoique, s'il plaît à Dieu, nous traiterons de cela fort amplement, fi Dieu me prête vie, dans le Traité des Inventions & Machines que je compofe ; feulement on doit remarquer qu'il y a des Métaux qui veulent être bien broyés, & d'autres non, & le métal dur & bitumineux, & qui contient du foulfre, il faut le broyer bien menu, celui qui eft tendre, & qui n'a aucun fuc de minéral corrofif, ou qui a peu de mêlange de pierre, qui ne foit fufible, & celui qui a autour de lui de marbre blanc, ou de la litarge ou du plomb, il fufit de le piler groffiérement pour éviter les dépenfes, & parce qu'il eft bon métal, & fe défend du

feu; & faut remarquer que lorfqu'on le broyera, il faut avoir
foin de féparer la pierre d'avec
le métal; & le bon métal d'avec
le mauvais, & de mettre châque
chofe à part, parce que lorfqu'on
travaille à la fonte, il eft toûjours
bien de mettre châque chofe
avec fon femblable qui foit de
même efpéce; & il faut favoir
qu'il y a une forte de Machine
que George Agriçola décrit, qui
en même-tems broye, lave, nettoye, purifie & incorpore l'or
avec le mercure, de forte qu'il
n'y a plus qu'à le rafiner. Je renvoye le Lecteur au Livre *de Re
Metallica* du même Agricola,
pour fa régle s'il veut s'en fervir.

CHAPITRE IV.

De la maniére de laver les Métaux.

APrés avoir broyé les Minéraux, il faut laver les Métaux pour les purger de la terre & de la pierre, & d'autres saletés, afin qu'en la fonte ne fassent pas tant de scories, qui empêchent le métal de couler, & afin que la miniére étant débarrassée de tout ce qui est gluant & visqueux, puisse se fondre plus facilement.

Cette méthode de laver les Minéraux est si bonne & excellente, que sans cela on auroit bien de la peine, & on augmenteroit le travail, & les dépenses considérablement pour préparer les mines & les métaux qui sont

cachés dans le centre de la terre.
Il y a deux maniéres de laver,
une qui convient à tous les Métaux généralement, & une autre
qui sert seulement pour une sorte
de métal , desquelles deux maniéres nous en parlerons dans ce
présent Chapitre.

La maniére commune de la-
ver les Métaux tous en général
est en sept diférentes façons ,
parce que, ou on les lave dans
un canal simple ou dans un canal divisé & entre-coupé de plusieurs petites planches, ou dans
un canal en pente , ou dans un
reservoir ample & étendu , ou
dans une aire courte , ou une
aire couverte de toiles tenduës,
ou dans un crible étroit ; toutes
les autres maniéres de laver outre celles-ci, ou conviennent à un
seul métal, ou sont accompagnées
de machines & instrumens qui

broyent & lavent en même-tems
les Métaux, & les féparent des
fcories & de la terre : Tous ces
canaux, ou loges, ou aires où
on lave le métal, faut les remplir
d'eau, & on y jette dedans le
métal broyé, & avec des gros
& longs bâtons on agite la matiére dans l'eau, laquelle enleve
la terre, & le métal fe précipite
au fonds des loges ou canaux où
on le lave, puis on le retire de
là, & on le fait fécher pour le
fondre ; outre ces maniéres ordinaires & communes de laver,
il y en a d'autres particuliéres,
parce que châque métal a la fien-
ne, felon fa qualité, principalement l'or, tant celui de la miniére, comme celui qui fe tire des
fables, des riviéres & ruiffeaux,
fe lave ou dans des refervoirs ou
dans le même courant de l'eau
dans la riviére, mais ces refer-

voirs où l'on lave l'or, ou font
troués en maniére de cribles ou
paffoires, afin que l'or forte par
les trous, & le métal pefant avec
le fable menu, qu'il faut recevoir dans un autre vaiffeau, ou
bien ces refervoirs faits en façon
de caiffes font fermés, de forte
que l'eau y paffant à plein entraîne les pierres, & les fables lé-
gers, & le métal par fa pefanteur
fe précipite au fonds, étant re-
tenu par des rebords de tous
côtés.

Le refervoir ou foit caiffe fe
fait de cette maniére, on conf-
truit un canal long de douze
pieds avec du bois de charpente découvert par le haut, lequel
doit avoir trois pieds de large,
le fonds troué avec un vilebre-
quin, les deux planches des côtés font hautes de forte que le
métal, lorfqu'on remplit le ca-

nal d'eau, ne furmonte, & fe répande par les côtés : ce refervoir ou canal il faut le placer fur deux banes, & que l'une foit un peu plus haute que l'autre, de forte qu'il y ait une pente du haut en bas, & jettant le fable & le métal du côté d'en haut du canal qui doit être plus élevé comme nous venons de le dire, jettez-y de l'eau dedans, & qu'elle coure en remuant avec un bâton le métal, les pierres fuivent l'eau, & tombent fur le pavé, & l'or & le fable menu paffent par les trous du canal dans une autre caiffe ou vaiffeau qui doit être placé deffous le canal, & qui doit auffi être plein d'eau ; lequel fable & métal ainfi féparés doivent être de rechef lavés dans le courant d'une riviére dans des baquets de bois.

D'autres lavent les minéraux

dans un canal fermé fans trous, qu'ils placent en la même maniére que nous avons dit, & au
haut du canal ils mettent une
caiffe féparée qui a le fonds percé comme un crible, & dans
icelle ils jettent le métal, & l'eau,
& les remuent avec un bâton,
& le fable menu & l'or tombent
dans le canal par les trous de la
caiffe qui a le fonds percé comme un crible, & à mefure que
la matiére diminuë, on y en met
d'autre, & de rechef ils lavent;
& du côté d'en bas du canal ils
tirent & ramaffent avec un bâton le fable & l'or qui ont paffé
par les trous de ladite caiffe, &
les jettent dans des baquets ou
caiffes de bois, & enfuite les
lavent au courant de l'eau, &
le fable comme plus léger s'en
và dans la riviére, & l'or comme le plus pefant refte au fonds
du

du baquet qui est profond, puis
on le fond dans un creuset, &
devient purifié de toutes saletés,
& de toute terrestreïté : ce baquet doit être lavé en dedans
avec de l'huile, afin que l'or le
plus menu ne s'y attache point,
& faut le teindre de noir de fumée, afin que l'or, pour menu
qu'il soit, puisse paroître, aux côtés il y aura deux anses afin de
pouvoir bien remuer & secouer.
Le canal est ordinairement divisé
par dix ou douze planches, & en
dix ou douze compartimens, &
la première planche est la plus
haute, la seconde un peu moins,
la troisiéme un peu moins de la
seconde, & ainsi par degrés jusques à la derniére qui est la plus
basse de toutes, dans lesquels
compartimens l'or & le sable
s'y amassent, puis on les nettoye dans les baquets, comme

dit eſt; ceux de Moravie ſe ſervent de cette invention pour laver l'or : ces canaux ſe font en diverſes maniéres, parce qu'il y en a de ſix pieds de long, & un pied & demi de large, les planches des côtés ſont fort hautes, afin que le ſable de l'or n'en ſorte pas dans le fonds de ces canaux il y a pluſieurs trous ronds ou quarrés, qui ne paſſent point de part en part, où l'or & le ſable menu s'arrêtent, & les pierres ſuivent le courant de l'eau qui les entraîne au bas du canal, où il y a des petites planches ou de fil d'archal en travers rez à rez du fonds du canal, qui forment des petits trous où l'or & le ſable s'arrêtent, & après on les ſecouë dans une pile d'eau, en tournant ſans-deſſus-deſſous le canal, puis on les relave dans le baquet, comme dit eſt.

D'autres mettent au fonds du canal des petits canaux larges en travers à la distance de l'un à l'autre d'un pouce un peu penchés au haut du canal, afin qu'ils ne détournent point le rouleau, & du côté d'en bas ils sont droits.

D'autres mettent au fond du canal un linge en long, & dans la caisse où l'on jette le sable & l'eau, & on les remue avec le rouleau, ils font au fonds des trous dans lesquels le sable le plus grossier s'arrête, & l'or le plus menu qui descend par la force de l'eau qui l'entraîne s'attache au linge, lequel on ôte, & après on le lave.

D'autres clouent un drap verd dans le canal, de sorte qu'on puisse l'ôter facilement.

D'autres mettent une toile de crin de cheval fort grossiére au fond du canal : d'autres y mettent des gazons d'herbes.

CHAPITRE V.

Où est traité de la maniére de fondre les Métaux, & de bâtir divers fourneaux néceſſaires, avec des avis utiles à tous Artiſtes Fondeurs.

LA fonte des Mines, & veines de la terre & du metal, est diviſée en quatre maniéres : La premiére, eſt celle des veines de l'or & de l'argent, qui ſont apellées veines riches : La feconde, eſt celle des moyennes : La troiſiéme, celle des veines pauvres : La quatriéme, des mines qui contiennent du fer ou du cuivre, ou du plomb, ou d'autre métal imparfait & bas, quoiqu'ils soient mêlés avec de l'or ou de l'argent, ou qu'ils ne le soient point.

La premiére espéce des mines riches, il faut que la porte du fourneau soit fermée ; pour les autres trois espéces ne doit jamais l'être, mais au contraire toûjours overte.

De ces quatre espéces de mines diférentes les unes des autres, nous dirons ici la maniére comment on doit les fondre, commençant en premier lieu par les mines & veines riches de l'argent & de l'or ; & ce qu'il faut faire avant toutes choses, c'est de bâtir & construire le fourneau, dans lequel il y a trois choses principales & essentielles à observer, savoir, on doit en premier lieu bâtir le fourneau avec des pierres qui ne se puissent fondre, ni qu'elles se cassent par la force du feu; les pierres dont on doit se servir sont tendres qui n'ont point de veines, parce que les pierres qui en ont sont dures, & sautent d'abord au moindre feu, & même il y en a qui sont de la nature du marbre blanc, qui se fondent facilement, & d'autres qui sont bonnes pour faire de la chaux, toutes ces sortes de pierres ne sont point bonnes pour la bâtisse, & composition des fours & fourneaux. En second lieu il faut observer la forme & figure que doit avoir le fourneau; en troisiéme lieu, de quelle matiére doit être fait le pavé du fourneau où le métal se fond & se cuit, & le bassin ou soit receptacle de pierre où le métal étant fondu và s'y rendre, & s'y congéle ensuite.

Les formes & maniéres de faire les fourneaux sont diverses,

& font en grand nombre, attendu que châque Artifte les fait fuivant fon génie, & felon que la
qualité & la nature du métal
qu'on veut fondre le demande;
mais toutes ces diférentes maniéres fe réduifent en certaines
efpéces, parce qu'il y a des fourneaux qui fondent par l'air des
fouflets, d'autres qui fondent
fans fouflets, mais bien par le
vent qui paffe à travers d'iceux,
ou par la vapeur caufée par l'eau
avec les charbons brûlés & alumés, qui tombent du même
fourneau: Dans les uns on y
met le métal, & le bois mêlés
enfemble; dans d'autres le bois
ni le charbon ne touchent point
au métal, mais feulement la flamme, qu'on apelle fourneaux de
reverbére, & d'autres qu'on
apelle baffins, qu'on forme en
faifant des creux dans la terre

ronds, ayant la figure d'un poê-
lon qu'on enduit de terre battuë
avec de la poudre de charbon,
ou avec de la poussiére & scories
des Maréchaux - Ferrans bien
broyées & passées par le tamis ;
& s'il falloit décrire ici toutes les
sortes de fourneaux qui sont en
usage, ce seroit à ne jamais finir,
& chose ennuyante, & même
à moins que de voir ces sortes
de fourneaux de ses propres yeux,
on ne sauroit bien les compren-
dre par écrit : lorsque nous traiterons des Machines, nous en
parlerons plus amplement, parce
que dans ce Traité ce n'est point
mon intention d'amuser & d'en-
nuyer le Lecteur de choses dificiles, mais de lui parler seulement en abregé des choses les
plus essentielles concernantes les
Métaux & les Mines, & de ce
qui regarde la science de la Métallique,

tallique, parce que la maniére de bâtir les fourneaux est si commune qu'il y a très-peu de Maçons, dans les endroits où il y a des mines, qui ne la sachent, d'autant plus que lorsqu'on essaye les mines, & qu'on sait qu'on les peut travailler, il est nécessaire de chercher les Maîtres Artistes, dont on est prévenu qu'ils sont au fait de cela, & qui ont déjà travaillé à d'ouvrages semblables pour les Mines.

Les fourneaux à souflets, les uns les font & bâtissent à la maniére de trémie de Moulin à farine ; d'autres font une manche droite comme une cuve de moulin, & d'autres leur donnent d'autres formes, & façons diférentes à leur fantaisie : le fourneau après qu'il est fait & construit on doit le lutter en dedans avec de la terre rouge qui ne

Tome I.   B b

fond point, afin que le métal ne
s'arrête point dans les concavités
des pierres, il faut y laiſſer deux
trous ou ſoit fenêtres, un pour
y placer le tuyau des ſouflets de
ſorte que le bout ne ſorte point
dehors, mais qu'il ſoit défendu
par un rempart de terre à lut,
du métal, qui pourroit boucher
la bouche dudit tuyau avec ſes
ſcories, & afin que les côtés du
ſouflet ſoient en ſureté, l'autre
trou ſert pour faire courir le métal, lequel doit être fermé avec
un gros charbon ou deux, & enduit de terre à lut, qu'il ne faut
point ouvrir juſques à ce que le
métal commence à ſe liquéfier,
& ſoit en état de pouvoir courir,
ce qu'on voit fort bien par le
trou des ſouflets, y aprochant
un tuyan de fer pour mieux y
voir, & même ſans ce tuyau on
connoît à la vûe quand il ſe diſ-

fout le voyant bouillir fur le pavé & fonds du fourneau.

Il y a de certains fourneaux qui n'ont befoin que d'un fouflet, d'autres qui en demandent deux, d'autres trois & davantage, lefquels fouflets font tirés à force de bras par des hommes ou par des rouës ou artifices d'eau qu'on a inventé fort ingenieufement, & dont la conftruction eft curieufe ; & faut fur toutes chofes que celui qui tire les fouflets foit expert, s'il n'y a pas de machines, & qu'il fache fon mêtier, & qu'il travaille avec attention, tirant quelquefois à la hâte, & d'autres fois avec la mefure & le compas, felon que le Maître Fondeur lui ordonnera, & doit être tel qu'il entende le foufle de l'air que le métal demande en fa fonte.

Le fourneau étant achevé de cette maniére, on doit faire un

autre petit fourneau ou soit pile
en dehors, où le métal descend
lorsqu'il est fondu , & ce fourneau doit être garni de charbons,
qui est toûjours entretenu alumé
par le vent du souflet, & la flamme qui sort par le trou du tuyau,
& recuit le métal qui sort du
fourneau , & ne le laisse point
fondre ; le pavé & fonds de ce
fourneau doit être un peu penché en bas , & en haut doit avoir
un trou par où le métal étant entiérement fondu sorte & coure
dans un bassin de pierre ou d'autre matiére semblable où il se
coagule & se réduit en pains.

Le Fondeur doit avoir soin de
bien netoyer & balayer les scories qui se sont arrêtées & coa-
gulées dans le petit fourneau, &
doit tenir les trous par où le métal passe toûjours nets , & ouverts, en ôtant les scories qui s'y

ramassent qui pourroient les boucher & empêcher la fonte, & il faut faire la même chose dans le pavé & fonds du grand fourneau, en tirant & ôtant avec des crochets de fer ou autre instrument les scories s'il y en a d'entassées, afin qu'elles ne se coagulent & bouchent entiérement la porte.

L'ordre qu'on doit tenir pour le charbon, est que le premier qu'on jettera au fonds à la hauteur pour couvrir le tuyau des souflets ne doit point être si gros, afin qu'il ne puisse empêcher le vent des souflets, mais il doit être moyen & net, & ensuite on y jette un lit de charbons gros, & le fourneau se remplit de charbon menu.

La troisiéme chose qu'on doit considérer, c'est la forme & la matiére dont on doit construire

la sole du grand fourneau, c'est-
à-dire, le pavé, & celui du petit
fourneau ; on doit les faire d'un
pied de hauteur au moins avec
une matiére composée de deux
parties de charbon en poudre,
& une de terre séche passée par
le tamis, & petrie avec de l'eau,
qu'il faut battre à mesure qu'on
la met avec des battoirs de bois
pour l'unir, & l'affermir en la rendant dure & massive.

D'autres y jettent dessus des
écailles de fer & du poil de co-
chon, mais cela sufit, & on le
fait afin que le métal ne se refroi-
disse point, & pour entretenir la
chaleur du charbon ; & il faut
préparer ledit fonds ou plan du
fourneau de maniére qu'il ne se
fende point, & qu'il absorbe le
métal, & l'Artiste doit avant que
de jetter le métal dans le fourneau pour le fondre, le bien

chaufer, parce que s'il y jette le
métal étant froid, le plan du
fourneau, si c'est en hyver, se
trouvant froid, saute comme du
verre, & le pavé se fend par-
tout, & des morceaux du fourneau sautent de tous côtés au
grand danger & dommage des
Ouvriers qui se trouvent aux environs du fourneau ; & si en Eté
le plan ou pavé du fourneau se
trouve humide fait la même chose, & saute par morceaux avec
grande violence, faisant autant
de bruit qu'un tonnerre.

Le Maître qui fond les Métaux, outre tous les avis ci-dessus, doit encore remarquer &
faire une attention particuliére à
quatre choses : la premiére, de
régler la quantité du métal, n'en
jettant point trop dans le fourneau, ou moins de ce qu'il convient, & pour prévenir cela, il

faut confidérer fi le métal eft beaucoup terreux, ou s'il eft chargé de fort peu de terre, parce que plus il eft net, d'autant plus on en peut charger le fourneau : la feconde, c'eft de modérer le charbon en y jettant de l'eau deffus ; ce qu'il convient de faire de tems en tems, lorfqu'il devient trop furieux & ardent, ou qu'il fait des trous, & des creux à la fonte qui empêchent la flamme de reverberer le métal, & afin que les parties menues du métal s'attachent au charbon humide & mouillé, & ne puiffent tomber au fonds du fourneau fans fe fondre, ou que le vent des fouflets ne les enléve : la troifiéme chofe, c'eft de régler le vent des fouflets, ordonnant d'être tirés par fois peu à peu & doucement, & d'autres fois vîtement & fans difcontinuer, & pour cela il convient que suivant la qualité du métal soit placé le souflet ou droit, ou à côté, ou penché.

La quatriéme chose qu'on doit observer, c'est que où le feu donne le plus, il faut y jetter le métal, prenant bien garde de ne point le jetter tout contre la muraille où est le tuyau des souflets : si le métal est de bonne qualité & fluë facilement, faut que le fourneau soit bas, & le souflet doit soufler doucement & droit ; si le métal étoit dur, le fourneau doit être haut de dôme & profond en bas, & que le souflet soufle fortement vers le bas, il faut pareillement prendre garde que le Maître en chef, avant de fondre le métal, ait fait fondre quelques scories pour bien échaufer avec icelles la sole ou soit pavé du fourneau, & en le mouillant ou

en fondant quelques marcaſſites,
litarge ou marbre blanc en poudre, parce que ſi on ne fait point
cela auparavant , les minéraux
lorſqu'ils commencent à ſe fondre , s'arrètent au fonds du fourneau , & n'y ayant point de liqueur qui les aide à ſe fondre &
liquéfier, ils ſe coagulent , & ſe
collent les uns avec les autres, &
bouchent le conduit du fourneau , & détournent le vent de
l'air du fourneau tant du grand
que du petit ; ſi les ſouflets étoient
grands , il faut que leur bouche
ſoit large , & s'ils étoient petits,
faut que la bouche ſoit plus étroite, parce qu'autrement ne feroient
point fondre le métal , comme il
convient , parce que le grand
ayant la bouche étoite jette trop
de vent , & ſort trop ramaſſé &
réuni & delié, & le petit ayant
la bouche trop large, ne donne

preſque point de vent, & ſort trop diſperſé, c'eſt à quoi il faut bien prendre garde.

CHAPITRE VI.

Où eſt traité comment le Fondeur doit procéder à la fonte de tous les Métaux après avoir bâti les fourneaux, & avoir préparé ce qui eſt néceſſaire.

APrès que le Fondeur a bâti ſon fourneau, & mis en ordre toutes choſes en la maniére que nous avons dit ci-deſſus, il doit procéder avec ſoin à la fonte, & le métal étant fondu dans le grand fourneau, il jettera dans le petit, qui eſt en déhors, une plaque de plomb qui reçoive le métal, lequel plomb étant fondu, il ouvrira la bouche du

grand fourneau afin que l'efcorie
tombe avec le métal dans le petit fourneau ; l'efcorie faut la netoyer en le tirant avec un fer
crochu, & d'abord faut ôter la
litarge ou marcaffite de deffus le
métal, s'il y en a, & le métal
reftera, foit or ou argent, abfor-
bé dans le plomb fondu dans le
petit fourneau, & lorfque dans ce
fourneau il y aura une grande
quantité de plomb & de métal,
faut le laiffer courir en partie,
fuivant qu'on jugera à propos,
dans le baffin ou pile, mais il
faut mettre les efcories qu'on aura
tiré à part, parce que les premiéres contiennent peu de métal, & les derniéres en contiennent beaucoup, & pour connoître cela il n'y a que l'odeur, parce
que l'efcorie qui fent fort contient du métal, & celle qui ne
fent rien n'en a point, lefquelles

escories après celles qui contiennent du métal, servent & aident
à la même fonte, en les brûlant
& fondant derechef avec mêlange de plomb ou de litarge pour
les purifier ; cela fait une fois le
Maître fermera la porte du grand
fourneau, & y jettera dedans du
nouveau métal, & poursuivra la
fonte ; & il faut remarquer que
la veine riche d'or ou d'argent
dans huit heures elle doit se fondre entiérement ; la veine pauvre
demande plus de tems selon
qu'elle est plus ou moins chargée
de métal ; mais si elle est très-riche
épargne une fonte, car dans dix
heures elle se fond & se recuit
deux fois : lorsque la fonte est
achevée, il faut jetter dans le
fourneau quantité de pains de
litarge, & faut les faire fondre
pour netoyer le fourneau, & faire
courir le métal qui est coagulé &

attaché aux parois, & la calamine ; après on fond le métal &
on le réduit en planches, qui se
coagulenr dans la pile, on en
reçoit du petit fourneau dans des
moules de métal luttés en dedans, & séchés au feu afin que
le métal ne s'y attache & se fonde ; & le plomb étant coagulé
& refroidi, ils secouent les moules, & tirent les pains du métal
qu'on garde à part pour s'en servir pour l'afinage, lesquels pains
le Maître de la mine recevra &
mettra par écrit leur poids, &
lorsque le fourneau sera froid le
Maître Fondeur avec une barre
de fer forte & pointuë détachera
la calamine qui est attachée aux
parois intérieures du fourneau,
de sorte que le fourneau soit bien
net, pour commencer une autre
fonte à son tems. Et cela est ce
que j'avois à dire touchant la pre-

miére & principale maniére de fondre l'or & l'argent des mines.

CHAPITRE VII.

Où est déclarée la raison. pourquoi dans cette premiére maniére de fondre les Mines riches d'argent & d'or, on ouvre la porte d'en bas, & on la ferme quelquefois, & dans la fonte des autres Métaux non.

Toutes les veines & mines riches d'argent & d'or, par l'inégalité qu'elles ont dans leurs parties, à cause qu'une partie du métal est tendre & l'autre dure, & qui se fondent dificilement, ont ordinairement trois grands inconveniens & obstacles qui empêchent la fonte ; le premier,

est que les escories en se conge-
lant à la porte du fourneau la
bouchent & détournent la fonte,
& le métal reste long-tems sans
pouvoir se fondre ; le second,
est que le Maître ouvrant la porte
avant le tems, les escories suivent le métal, & tombent dans
le petit fourneau en dehors cruës
& mal cuites, & on est obligé
de les refondre ; le troisiéme inconvénient est que le feu brûle
ordinairement le métal dans le
fourneau auparavant qu'il se fonde. Le reméde à tous ces inconveniens est d'ouvrir la bouche
du trou, ou par le trou du tuyau
des soufflets voir si le métal se
met en monceaux séparés les uns
des autres dans le fourneau, qui
bouillonnent sans vouloir se fondre & se joindre & former un
bain, & cela est une marque de
la dureté du métal, & faut y
ajoûter

ajoûter de la litarge ou du plomb ou autre composition qui l'aide à se fondre & liquéfier, & si par hasard le métal est si tendre qu'il fonde trop-tôt, il ne faut point se servir d'aucune composition pour épargner la dépense qui seroit fort inutile.

Il y a une autre cause qui retarde la fonte, & qui fait que bien souvent le bon métal se brûle & se perd, & c'est que la quantité du bon métal se trouve diférente, donnant plus de richesse qu'il n'en donnoit au commencement de la fonte, & par faute de plomb dans le petit fourneau, n'y en ayant pas assez, il ne peut être reçu dans le bain, & est détenu par les scories, & se brûle & se perd entiérement : Pour y remédier, toutes les fois que le Maître ouvrira la porte, & que le métal découlera dans le petit fourneau, il en prendra un peu, & l'essayera d'abord pour voir si l'or ou l'argent augmente, ou s'il y en a moins qu'auparavant ; si par hasard il y a de l'augmentation, il ajoûtera du plomb au bain ; & s'il y en a moins, il vuidera le petit fourneau & y jettera de nouveau plomb. La troisiéme cause & raison est qu'il y a certains métaux si durs qu'ils ne se fondent pas si-tôt que les compositions & mélanges que nous y jettons dedans pour les aider, & le conduit étant ouvert ils descendent étant fondus dans le petit fourneau, & le métal reste crud dans le grand fourneau où il se brûle & se consume, & par ces raisons dans de telles mines riches d'argent ou d'or, où souvent il arrive cet inconvenient, il faut de nécessité que la bouche du canal soit fermée, afin que la compofition du fondant qui aide le métal, ait le tems de fe mêler avec lui, & qu'elle puiffe vaincre & furmonter fa dureté, & le faire fondre & liquéfier, parce que la qualité ordinaire du métal eft, que ce qui eft fondu tombant fur ce qui ne l'eft pas, ne le fond point, ni a la force de le liquéfier, & ce qui n'eft pas fondu tombant fur ce qui l'eft, fe fond & fe liquéfie d'abord, c'eft pourquoi quand même on jetteroit beaucoup de compofition de fondans dans les métaux & minéraux, ils ne fe fondroient jamais, fi le conduit ou porte d'en bas du grand fourneau n'étoit fermée ; pour cela il convient de fondre les mines riches d'argent & d'or en fermant & ouvrant la petite porte de tems en tems, comme font

C c ij

CHAPITRE VIII.

De la maniére de fondre les autres Métaux, savoir, la Mine moyenne & la pauvre, & en premier lieu des Mines moyennes de l'or & de l'argent.

LEs autres deux diférentes Mines, dont nous avons parlé ci-deſſus, ſavoir, les moyennes & les pauvres ſoit d'or ou d'argent, que d'autres Métaux imparfaits, quoiqu'on tient ordinairement la petite porte du grand fourneau ouverte à la fonte de toutes ces mines, ſans jamais la fermer ; elles ſont pourtant diférentes les unes des autres

dans d'autres chofes particuliéres qu'elles ont, parce que la premiére diférence des trois, qui
eft la mine moyenne d'argent
& d'or, qui n'eft point riche ,
pour la fondre quoique le fourneau doive être comme dit eft
ci-deffus , en obfervant les mêmes foins , outre qu'il convient
que la petite porte ou conduit
foit toûjours ouvert, il faut que
ladite porte ou conduit foit fait
un peu plus haut & plus étroit,
& qu'il ne paroiffe prefque pas,
lequel doit être un pied & demi
plus haut que le pavé fur lequel
le fourneau eft bâti, fur lequel
pavé à main gauche du conduit
ou trou on doit placer le petit
fourneau pour recevoir le métal
fondu, tout le refte doit être fait,
comme dit eft ci-deffus, & que
le Maître Fondeur prenne garde
de ne point oublier qu'en la fonte

du métal, il faut y jetter le fondant ou soit composition, qui,
suivant les régles & avis donnés
ci-dessus, convient à la nature
& qualité du métal qu'on veut
fondre; en second lieu qu'il n'employe point trop de métal à la
fois dans sa fonte.

Le plan ou soit pavé du grand
& du petit fourneau pour cette
fonte doit être de poussiére de
charbons pilés, & de terre tamí-
sée avec autant de cendres pétris ensemble, & mis sur les pa-
vés bien uniment ; si le métal
étoit dur à fondre, il faut faire
le pavé un peu plat & uni, afin
que les escories soient retenuës,
& les fondans puissent aider les
métaux à se liquéfier, & ne permettent pas que ces métaux restent envélopés parmi les calamines ou terres bitumineuses ; mais
si le métal sur lequel on travaille

se fond facilement ; il faut que le pavé du fourneau soit un peu panché.

Le pavé du grand fourneau ne doit point être battu si fort, qu'il soit dur, principalement du côté de la bouche du conduit, parce que ni le conduit peut respirer librement, ni le métal peut facilement courir, pour connoître si le métal est fondu, & liquéfié, il faut voir si les tuyaux des souflets sont bien clairs tous les deux, & bien transparens, alors il est fondu ; & si l'un n'est pas si clair, & que l'autre soit obscur vers le côté de la bouche du souflet, alors il est prêt à fondre, & il faut en ce moment lui donner beaucoup du vent, & jetter du métal sur le côté oposé, afin que le feu & la flamme refléchissent, & donnent sur le métal crud, & si le tuyau ou canon du souflet se bouchoit par le métal qui court de son côté, il faut charger de métal crud le devant du fourneau, afin que le feu se retire & se tourne du côté du métal qui bouche le tuyau du souflet.

Cette maniére de fondre est beaucoup en usage en la Réthie; mais en Boheme non.

CHAPITRE IX.

De la maniére de fondre les Mines pauvres d'or & d'argent, & celles des Métaux imparfaits.

LEs mines d'argent & d'or, qui sont pauvres, se fondent d'une certaine maniére, qui tient le milieu entre les mines riches, & les moyennes d'or & d'argent, desquelles deux sortes de fontes

nous

nous en avons parlé ci-devant, de forte que cette maniére de fondre les mines pauvres d'or & d'argent eſt dans le rang de la troiſiéme maniére. On a l'uſage à Norvegue de tenir toûjours ouvert le conduit ou bouche du fourneau, & ont cela de diférent des autres, qu'ils ont deux fourneaux petits, un bâti moitié en dedans du pavé du grand fourneau, & la moitié en dehors où il y a un bain ardent de plomb, qui reçoit le métal & l'abſorbe, & fondu parmi les eſcories tombe dans un autre petit fourneau plus bas, où les eſcories ſe ſéparent, & les litarges, les pyrites & toutes les autres immondices du métal, & le métal reſte imbibé dans le plomb auquel enſuite on fait les mêmes opérations pour l'aprêter que nous avons dit ci-deſſus.

On peut se servir de cette
maniére de fondre, & d'un pareil fourneau pour les mines
moyennes.

La quatriéme maniére de fondre, est celle des métaux pauvres & imparfaits, comme seroit
le cuivre, le plomb, le fer, l'é-
taing dont le fourneau doit avoir
le conduit toûjours ouvert, &
le fourneau doit être plus haut
& plus vaste, & les souflets plus
grands, de sorte qu'il puisse con-
tenir beaucoup de métal; la fonte
dans ces sortes de fourneaux dure
ordinairement trois jours, & trois
nuits la pouvant soufrir le grand,
& le petit fourneau, & ayant
abondance de métal, & toutes
les calamines s'y trouvent.

Ce grand fourneau doit avoir
deux autres petits fourneaux,
pour que le métal coure de l'un
à l'autre lorsque le premier se

trouve plein par l'abondance du métal & des escories, & afin qu'il puisse se bien purifier, lesquels deux fourneaux doivent être tous les deux hors du grand fourneau ; mais parce que la fonte dure beaucoup de tems, & qu'elle est fort pénible, on doit de douze en douze heures relever le Maître Fondeur, & commencer derechef le travail. Cette maniére de fondre sert pour les veines de plomb, de cuivre, & pour celles qui sont d'or ou d'argent, qui sont très-pauvres, parce que le jeu ne vaudroit pas la chandelle, & les dépenses excéderoient le profit, attendu le peu de métal qu'on en retiré, parce qu'en cette quatriéme maniére de fondre nous suffit de prendre des marcassites ou pyrites, litarge ou molibdene, c'est-à-dire, mine d'argent mêlée avec du plomb,

& du marbre en poudre ou d'efcories de fer, d'algue & de terre
jaune pour aider à la fufion fans
faire des dépenfes fortes en fe
fervant de fondans & compofitions qu'on employe pour les
mines riches, laquelle maniére
de fondre, quoiqu'elle paroiffe
groffiére, nous eft pourtant fort
utile, parce que d'une grande
quantité de métal ou minéral
on en fépare des petits morceaux
d'or ou d'argent & d'autres métaux, & les réduit en état d'être
afinés facilement. Il y a des Ouvriers fi habiles & favans dans
cette maniére de fondre, qu'ils
tirent la même quantité de métal qu'on en trouve par l'effai
qu'ils ont fait, & s'il manque
quelque chofe du métal des fourneaux, ils recuifent les efcories
& en tirent ce qu'ils trouvoient
qu'il leur manquoit.

C'eſt la maniére la plus commune & la plus ordinaire de fondre celle qui ſe fait ſans tenir un bain de plomb dans les fourneaux, quoique toutes les mines de plomb ſe fondent auſſi de cette maniére, & dans un fourneau conſtruit tout de même. Quelques-uns ont des maniéres particuliéres de le fondre, & ils conſtruiſent des fourneaux à leur maniére, & ſuivant leur fantaiſie pour cela.

CHAPITRE X.

Des diverſes maniéres de fondre le Plomb.

Utre les ſuſdites maniéres, on fond le plomb autrement, parce qu'en Pologne on fait un foyer entouré de briques

D d iij

de la hauteur de quatre pieds,
ayant deux faces en maniére de
toit, mais plus uni, le foyer eſt
de mêlange, & dans le plan &
fond d'en haut, on met un lit de
bois en groſſes piéces, & ſur ce
lit on en met un autre de bois
menu, de ſorte que ces lits ſont
diviſés par un autre de mêlange
fort délié, après ils mettent un
autre lit de bois fort léger & par
deſſus un lit de minéral, & par
deſſus un autre lit de gros bois,
puis on met le feu au gros bois
d'en haut, on fond le plomb &
le minéral tombe en bas achevé
de brûler une fois, de cette maniére s'il convient on le refond
une ſeconde fois, juſqu'à ce que
le plomb ſe ſépare tout à fait des
eſcories.

Ceux de Saxonie le fondent
dans un four comme celui où
l'on fait cuire le pain, qui a un

trou par où ils introduifent le bois, lequel étant alumé fond le plomb, & coule par un autre trou ou conduit dans un four-neau fait exprès, ou étant coa-gulé on le tire en pain, ce four eft comme un four de reverbere ou à peu près.

Ceux de Weftfalie dans un valon font un monceau de char-bon de dix charretées uni en haut comme une place, & par deffus ils y mettent le métal autant que le charbon en peut foufrir, & y mettent le feu par bas, le char-bon s'alume, le plomb fe fond, & coule au bas du valon, fe met en planches qu'on coupe par morceaux & plaques, parce qu'il n'eft pas rafiné, on fait un lit de bois fec, & par deffus un autre de bois verd, on met par deffus ce bois verd les plaques de plomb, qui étant fondues, vont fe rendre dans un creux qui est au bas du bois où l'on sépare le plomb des escories.

En Carnie ils font un certain endroit en forme de pente d'un côté tout comme une planche au bord d'un étang qui và de haut en bas, le plan de ce lieu est couvert de charbon en poudre & de terre tamisée, mêlés & battus ensemble en les mouillant un peu entre deux murailles de pierre qui ne fonde point au feu, ni se puisse calciner, on met des gros morceaux de bois verd par ordre, & au-dessus de ce bois verd on y en remet du sec, & par dessus ce dernier on y jette le métal ou minéral.

Par le bas du foyer d'un fourneau qui est bâti la moitié dans le four, & l'autre moitié en dehors on netoye le plomb en le séparant des escories, & étant net on le laiſſe courir par un conduit dans ces formes ou creux qui eſt en bas, & deſſus du conduit dudit fourneau qui a la forme d'une pile, où le plomb ſe met en planche & ſe coagule ; derriére le four ou foyer il y a un trou quarré par où l'air entre, & on y introduit le bois, & ſi grand qu'un homme y puiſſe entrer lorſqu'il eſt beſoin de netoyer le four pour des nouvelles fontes.

On fond auſſi le plomb très-bien dans un four de reverbére, qui eſt fait tout de même que celui des Potiers de Terre.

Pour faire de la chaux & brûler le plomb, avec lequel on fait le machicot, qui ſert à vernir leurs ouvrages de Poteries & de Fayance de diverſes couleurs, excepté qu'au bas de la chambre où ils mettent le bois, il y a une autre chambre enfoncée dans le

pavé où ils mettent un grand
vaſe ou deux d'eau, où tombans
les charbons alumés, & les cendres par les fentes & trous du
fond du foyer, par la vapeur
qu'ils renvoyent de l'eau, ſou-
flent & entretiennent la flamme
du charbon ou du bois, laquelle
par un trou rond ou quarré entre & monte dans la chambre
où eſt le métal, laquelle eſt couverte comme un four à Boulan-
ger, & le plomb ſe fondant en
eau ſort par un trou dehors, &
ſe ramaſſe dans une petite pile
faite exprès où il ſe coagule, &
ſe met en planches ou plaques
ou pain, ſelon la forme de la
pile.

CHAPITRE XI.

Des Fours voutés, qu'on fait afin que le Métal ne s'en aille en fumée, & pour recueillir la tutie, la fleur de la calamine qui s'attache à la voute qui se perd dans les autres fontes ci-dessus.

ON a coûtume de faire des fours voutés qui arrêtent le métal, qui s'envole & s'en va en rosée enlevé par la force de la flamme & de la fumée, & pour recouvrer la tutie & la fleur de la calamine qu'on perd dans les autres maniéres de fondre, on les fait d'une maniére qu'une chambre sert à deux fours joints ensemble.

La maniére comme ils sont bâtis la voici : sur les murailles

des fours, & fur quatre pilliers
on forme une voute qui couvre
toute l'efpace du four, & de tous
côtés s'ils font deux, lequel four
a deux trous au fond, par où
montent les fumées de la chambre, laquelle plus elle eft ample
meilleure elle eft, parce qu'elle
reçoit plus grande quantité de
fumée, au milieu du haut de la
voute du four ou chambre il y
a un trou en forme de tuyau
haut de trois palmes, & large de
deux par où les fumées de la
chambre fortent purifiées ; ce
tuyau ou cheminée eft traverfé
de plufieurs barres de fer, &
planches minces où la fumée
venant à paffer, le plus fubtil &
volatil du métal s'y attache & le
plus groffier, ou foit les calamines s'attachent au parois de la
chambre, & forment comme
des grapes & colones : à un côté

de la chambre il y a une fenêtre
avec une vitre qui fufit pour empêcher la fumée de fortir, & ne
détourne point la clarté; de l'autre côté il y a une porte, laquelle,
lorfque les fours fondent le métal, eft fermée, & on l'ouvre
pour y entrer lorfqu'on veut
cueillir la poudre du métal de la
tutie & les fleurs de la calamine
deux fois par an, qu'on racle &
balaye par un trou fermé avec
une planche afin que le vent
ne l'enléve, on la fait tomber
en bas, & fe raffemble dans un
creux, & on l'arrofe de faumure
& en y mêlant de la litarge,
ou d'autres métaux on refond le
tout, ce qui donne un grand
profit au Seigneur de la mine;
ces chambres non - feulement
font bonnes pour les veines riches d'or & d'argent, mais encore pour les moyennes & les

pauvres , parce qu'elles raſſem-
blent le ſubtil du métal qui ſe
perd dans la fohte.

CHAPITRE XII.

De la maniére de fondre les Mines en particulier, & premiérement des Mines de l'or lorſqu'il eſt en petite quantité.

Puiſque nous avons traité de
diverſes fontes des miniéres
des Métaux en général, il eſt à
propos de dire & déclarer, comme on doit les fondre en particulier, donnant la maniére en laquelle châque métal doit être
fondu particuliérement ſuivant
ſa nature & qualité. Nous com-
mencerons par l'or dont la poudre ſoit tirée du minéral ou du
ſable de riviére, ou de quelqu'au-

tre maniére que ce puisse être,
il n'est pas nécessaire de le cuire
& fondre plusieurs fois, mais
seulement il faut le mêler & purifier avec du mercure, & après
le laver avec de l'eau tiéde, jusqu'à ce qu'il soit séparé de ses
escories, ou il faut le mettre au
départ dans l'eau forte, comme
font les Orfévres. De la maniére
de le séparer avec le mercure,
nous en avons parlé en traitant
de la maniére de faire les essais,
dans l'eau forte on le sépare en
le jettant dedans & le séchant,
puis en le frotant bien avec du
tartre & de l'huile, le fondant
avec du verre, sel nitre ou du
borax, mais de cela nous en parlerons plus amplement, lorsque
nous traiterons de châcun en
particulier.

La veine de l'or se fond dans
le four ou dans un fourneau dont

on se sert pour faire les essais, suivant la quantité grande ou petite. Si l'or est pur & sans aucun mélange de métal, prenez en une livre & le mettez en poudre, le mêlez avec une livre de soulfre en poudre, & autant de sel pilé, de cuivre quatre onces, de tartre trois onces, fondez-le pendant trois heures dans une forge ou fourneau à vent, & le mélange étant fondu & liquéfié mêlez tout cela avec de l'argent fondu, afin que l'argent tire à foi & absorbe tout l'or; ou bien prenez une livre d'or, & une livre d'alcohol le tout en poudre, & avec demie once de fer en limaille, fondez le tout ensemble, & étant en bonne fonte, jettez-y dedans deux onces de plomb liquéfiés qui absorbent le métal & l'envélopent.

La limaille de fer on ne doit point

point la jetter dans la fonte jufqu'à ce que le métal jette une
odeur de foulfre, & fi vous n'a-
viez pas de la limaille de fer,
vous vous pouvez fervir des
écailles du fer qui tombent autour
des enclumes des Forgerons,
parce que ces deux chofes ôtent
la force à l'antimoine, apellé alcohol, parce qu'en n'y mettant
point ces limailles ou écailles de
fer, non-feulement l'antimoine
par fa force confume l'or, mais
encore l'argent qui eft mêlé avec
l'or; après tirez la maffe de la petite pile du fourneau, & la paffez
à la coupelle pour l'afiner.

Si l'or eft envélopé de marcaffites, pilez la marcaffite & la
fondez, & après l'avoir lavée,
& mêlée avec autant d'alcohol,
l'y jettant, comme dit eft en fon
lieu, de la limaille ou écaille de
fer.

Tome I.   E e

Ainsi pareillement il faut moudre la marcassite ou minéral qui contient de l'or, & faut le laver, puis vous prendrez une partie de ce minéral, six parties de cuivre, une de soulfre, & demi partie de sel, mettez le tout dans un pot que vous couvrirez de lie de vin, fermez & luttez le pot, & le mettez dans un lieu chaud, & le mêlange ainsi humide faites-le sécher pendant six jours, & donnez lui feu lent pendant trois heures, & étant fondu, jettez-y du plomb & augmentez le feu, étant liquéfié laissez-le refroidir, puis le mettez à la coupelle pour le purifier.

Ou l'on mêle une livre de métal, avec demie livre de sel, & demie livre de tartre ou lie de vin séche, avec quatre onces de escories de verre, & avec deux d'escories d'argent ou d'or, avec

huit dragmes de cuivre, on fond
le tout dans un creuſet ou forge,
& étant froid on le pile de rechef,
& on le mêle avec une livre de
litarge, & on le fait fondre de
nouveau, on l'afine dans la coupelle & on le ſépare du plomb.

Ou bien on prend une livre
de métal, une autre de ſel, une
de ſel nitre, de tartre d'eſcories
de verre, le tout étant mêlé enſemble on le fond, & étant refroidi on le lave on le mêle avec
une livre d'argent, & quatre onces de limaille de cuivre, deux
de litarge; on le fond une ſeconde fois, puis on paſſe la maſſe à
la coupelle pour l'afiner, & ſéparer l'or & l'argent du plomb,
après toutefois avoir ſéparé les eſcories de ladite maſſe, lorſqu'elle
eſt en fonte, puis en ſéparer l'or
de l'argent avec l'eau dedépart
ſuivant l'art.

E e ij

Ou bien on prend une livre de métal qui contient d'or après l'avoir mis en poudre & bien lavé, trois onces de limailles de cuivre, & deux livres de poudre ou compoſition de celle que nous avons donnée en ſecond lieu, lorſque nous avons traité des Agens Métalliques, & étant refroidi on le fond, on broye le métal, on le lave une ſeconde fois, puis on met à fondre une ſeconde fois ou de rechef une livre de cette poudre avec une livre d'argent, & de poudre de la ſeconde compoſition, avec trois livres de plomb, & trois onces de cuivre, puis on afine la maſſe, comme dit eſt ci-deſſus, en ſéparant 1°. le plomb dans la coupelle, enſuite l'argent avec l'eau forte. Dans ces fontes lorſqu'on dit prenez une livre de métal, il faut entendre que ce métal doit être broyé, lavé, puis séché & calciné, si la mine le demande, pour cela il faut se souvenir de ce que nous avons dit ci-devant à ce sujet.

Ou bien prenez une livre de métal, demie livre de sel nitre, trois onces de sel, & les fondez, & étant refroidi, broyez-le & le lavez une autre fois, puis fondez quatre livres de cette poudre avec une livre d'argent, ou quatre onces avec une once, puis faites-en le départ avec l'eau forte ; ou bien prenez une livre de métal, une once de soulfre, une livre & demie de sel, quatre onces sel de tartre, de cuivre calciné avec le soulfre trois onces, fondez tout cela ensemble, & le recuisez dans un bain de plomb, puis afinez-le dans la coupelle.

Ou bien prenez une livre de poudre de métal & deux de sel,

deux de foulfre, une livre de litarge , fondez tout cela & la
maffe qui vous reftera paffez - la
à la coupelle pour l'afiner, vous
fervant d'une des fufdites maniéres quelle que ce foit ; lorfque
le métal eft en petite quantité
on peut le fondre dans un creufet ou dans la forge d'un Orfévre
ou dans un fourneau où l'on
effaye les Métaux.

CHAPITRE XIII.

De la maniére de fondre l'or lorf-qu'il eft chargé de beaucoup de mine.

SI pourtant la mine de l'or fe
trouve en grande quantité ,
on la fondra en la maniére fui-
vante , qui eft diférente des trois
autres maniéres générales dont

nous avons parlé dans les Chapitres ci-deſſus. Premiérement on doit mêler le métal avec des choſes qui puiſſent l'aider à fondre; ſavoir avec de la litarge, du plomb de mine, & d'eſcories de fer bien préparées, le tout bien lavé & le métal pilé, & le fondez en la premiére maniére des fours des mines riches, dont nous avons parlé, qui doit avoir la porte bouchée par intervalles ou dans le four de la ſeconde & troiſiéme maniére de fondre les mines moyennes ou pauvres, que nous avons dit qu'il falloit toûjours tenir la porte du four ouverte; & le métal étant fondu, il faut l'afiner en la maniére ordinaire que nous avons dit ci-devant, en le purifiant du plomb, & de la litarge, & ſéparant l'or de l'argent s'il y en a, avec l'eau forte.

Mais dans la marcaffite, la calamine ou le minéral, s'il y avoit parmi de l'or il faut en prendre deux parties après les avoir brûlées, & une partie du même minéral crud, & les faut fondre tous feuls, & en faire des maffes en pains dans un four, qui ait toûjours la porte ouverte, & d'abord il faut les fondre & les paffer par le four que nous avons dit qui doit avoir la porte fermée par intervalles, & en la maniére que nous l'avons dit ailleurs, puis vous l'afinez dans la coûpelle.

Le minéral étant en grande quantité, il faut le mêler avec des pierres de mines de fer, & faut fondre fix parties du minéral, & quatre parties de pierre de fer le tout en poudre, & imbibé de trois parties d'eau dans laquelle on ait fait diffoudre du

fel

fel nitre, auquel on ajoûte deux parties & demi de cuivre en pain, avant que de le rafiner, & une partie & demi d'efcories, & faut jetter les pains du métal de la premiére fonte dans le four, & par deffus le mélange, & étant fondu, lorfque le four eft à demi plein, faut commencer à ôter les efcories, & enfuite la pirite, la litarge ou marcaffite & la maffe de l'or reftera dans le fourneau avec l'argent & le cuivre; faites recuire les pains avec le plomb, & les gardez pour les afiner, mais fi le mélange de la mine étoit d'argent, d'or, ou de cuivre, il ne faut pas la brûler, mais feulement la fondre avec un égal poids de plomb, & la rafiner, mais le mélange d'or & d'argent, afin qu'il foit plus riche, il faut jetter fur dix-huit livres d'icelui, cinquante livres de minéral crud, trois livres de mine de fer , une de litarge , puis fondre & afiner en la maniére qu'il convient , & que nous dirons en tems & lieu.

CHAPITRE XIV.

Dela maniére de fondre l'argent en particulier.

LEs Minéraux qui font de pur argent fans aucun mêlange, on ne doit pas les fondre dans les premiers fours , mais bien dans des creufets ou pots de fer chauds , comme nous le dirons en fon lieu , ou mêlez avec des pains de litarge, avec des efcories d'argent & avec des pierres qui fe fondent facilement au feu , faut les faire fondre dans le fecond four, mais les pélotons qui

font certains petits paquets d'argent fin qui s'engendrent dans la
mine, afin que la fumée & le
vent ne les enlévent, il faut les
mettre dans un pot, qu'il faut
luter & le jetter parmi le métal
dans le four, & là ils se fondront.

Quelques-uns prennent l'argent qui vient net dans les mines, & le fondent dans de certains vaisseaux couverts & lutez
dans un fourneau à vent, & sur
une partie d'argent, mettent trois
parties de litarge en poudre, autant de mine de plomb & de
pierre de plomb demi partie, &
un peu d'écaille de fer & du sel,
& étant fondu ils l'afinent, &
les escories les refondent avec
d'autre nouveau minéral, & si
quelque partie du métal s'attache
ou pénétre dans les vaisseaux,
soit creuset ou autres pots, on
les pile & on les lave, on fond

de rechef le métal avec les escories, de sorte que rien ne se perd.

Mais si l'argent est mêlé avec du plomb, de l'antimoine, de mine de plomb, ou de la marcassite, on doit le fondre ensemble avec les autres minéraux en la maniére ordinaire, & non séparément ; mais si le plomb y étoit en grande quantité, on doit le fondre tout seul sans le mêler avec aucun autre minéral, & on doit faire la même chose avec la marcassite lorsqu'elle est abondante, qui aussi doit être fondue toute seule.

Mais aussi la veine d'argent de marcassite se fond ainsi, c'est-à-dire, qu'on mêle trois parties du minéral brûlé avec une partie de cuivre avec ses escories s'il y en a, & faut la fondre dans le troisiéme four des métaux vils & imparfaits, & les pains il faut les

éteindre avec de l'eau, & les
faire rougir au feu de nouveau,
puis vous en prenez quatre parties avec une partie de marcaſſite
cruë, & les refondez & en faites des pains une ſeconde fois,
leſquels s'ils ſont beaucoup char-
gés de cuivre, il faut les brûler
de rechef, puis les fondre, &
faut ſéparer le cuivre dans le
fourneau ; ſi le cuivre ſe trouve
en petite quantité faut les brûler
& les fondre avec des eſcories
tendres, & le plomb du fourneau boira l'argent, & de la matiére qui ſe trouve congêlée au-
deſſus du plomb, on en fait des
pains pour la troiſiéme fois, &
la fondant de nouveau on en tire
le cuivre qu'on aſine au fourneau.

Mais ſi l'argent eſt mêlé avec
de la calamine, trois parties de
métal brûlé avec une partie de
F f iij

marcaffite s'en va en efcories, &
on en fait des pains, lefquels il
faut fondre deux fois, & à la derniére fois on les afine à l'ordinaire.

Si l'argent eft mêlé avec la
pierre qui fe fond facilement, on
doit le mêler avec de la marcaffite & de la calamine, & pareillement l'argent qui eft mêlé avec
de la terre ; mais fi le Fondeur
n'avoit point de calamine, ni de
marcaffite pour mêler avec le
métal, qu'il faffe fa fonte avec
de la litarge, de mine de plomb
ou d'efcories, & fi le métal vient
avec du plomb, il faut le fondre
avec le même, & fi avec des
marcaffites il faut auffi les fondre enfemble.

CHAPITRE XV.

*De la maniére de fondre le cuivre
en particulier.*

LE cuivre en particulier se
fond en la maniére suivante :
Si le cuivre est pur, & sans aucun mélange, ou avec du verd
ou avec du bleu ou du plomb,
il se fondra dans le four qui a
toûjours la porte ouverte, & s'il
est mêlé avec de l'argent il faut
le fondre dans le premier four
des mines riches, qui doit avoir
la porte fermée quelquefois,
comme nous l'avons dit, afin
que le plomb boive l'argent, &
que le cuivre reste pur & à part,
mais si le cuivre se trouve parmi
des pierres dures, & dificiles à
fondre, soit marcaffite, pirite,

F f iiij

calamine, ou pierre de mine de
fer, il faut mêler avec icelle de
la marcaſſite crue, qui ſoit facile
à fondre, & qui ſe liquéfie vîte,
& les eſcories vous les fondrez
une ou deux fois ou plus, juſqu'à ce que le cuivre ſe purifie, &
netoye bien , & s'il a quelque
mêlange d'argent , alors il faut
fondre ce cuivre dans un bain
de plomb , parce que le plomb
attire à ſoi l'argent , puis on le
paſſe à la coupelle pour l'afiner.

Le cuivre net qui a fort peu
de mêlange, quelques-uns le fondent une fois dans le premier
four , qui a toûjours la porte ouverte, où l'on fond les mine d'or
& d'argent moyennement riches
de métal en y mêlant des eſcories
de plomb , de calamine & du
marbre blanc qui ſe fond facilement, & ayant mis le cuivre en
pains on le fond pour la ſeconde

fois, afin que le plomb attire l'argent, & on y mêle en cette seconde fonte fur vingt quintaux de pains de cuivre, douze quintaux de litarge, de pains durs, qui contiennent beaucoup d'argent, cinq quintaux de pains de confruftagne (qui eft un cuivre dur qui ne foufre point le marteau) deux quintaux, de mine de plomb trois quintaux, & tout autour quelques efcories de la premiére fonte, châcune de ces fontes durent douze heures, & le cuivre étant ainfi fondu, & mis en pains, on le fond de rechef pour la troifiéme fois avec un autre mélange pareil à celui ci-deffus, puis on le fond pour la quatriéme fois, avec un mêlange de pains de cuivre, qui ayant peu d'argent, & avec les efcories qu'on a tiré de la seconde fonte, avec de la calamine lavée & pilée, & on en fait de cette fonte des pains de cuivre dur, & font ces pains dont on se sert dans les mêlanges de la premiére & seconde fonte avec le minéral, & avec ces pains durs brûlés trois fois, & refondus une autre fois, on fait & on purifie le cuivre, qu'on apelle noir, en y mêlant des pains de la troisié-me fonte.

Mais le cuivre dificile à fondre, & de peu d'argent, on le fond dans le troisiéme four des trois qui ont toûjours la porte ouverte, où l'on fond les métaux bas & imparfaits, & les pains qui en proviennent faut les brû-ler sept fois, puis après on les fond de rechef, & le cuivre qui en est produit, on le fond dans un autre four des mines d'argent pauvres une autre fois, & dans les pains il y aura moins d'argent

à la partie supérieure que dans
l'inférieure, c'est-à-dire, au fond.

Si le cuivre a de la marcassite
avec partie d'argent ou point du
tout, on doit le fondre en la
maniére que nous avons dit en
parlant de la fonte de l'argent,
mais si l'argent y étoit en petite
quantité & que le cuivre fut dur
& dificile à fondre, vous ferez
comme nous l'avons dit en son
lieu.

Si le cuivre étoit mêlé avec
du soulfre ou de bitume, il faut
le brûler & le fondre en le mêlant avec des pierres qui se fondent facilement, & on en fait
des pains, qu'il faut brûler sept
fois, & refondre une fois pour
en ôter les escories, & on en tire
deux sortes de cuivre, dont l'un
est pur qui est celui qui est au
fond du vaisseau, & l'autre qu'on
tire de dessus qui est moins pur,

on s'en fert pour aider le minéral à fondre, comme nous avons dit ci-deffus.

Mais fi la pierre a peu de cui-vre, il faut la calciner, la broyer, laver, tamifer, fondre & recuire.

Mais fi la pierre, & le cuivre font entremêlés de pierre verte ou bleuë, ou de terre jaune & noire, il ne faut point la laver, mais feulement la fondre fans la laver, en la mêlant avec des pierres qui fe fondent & liqué-fient facilement.

CHAPITRE XVI.

Où eft traité de la fonte du Plomb en particulier.

LA mine de plomb qu'elle foit mêlée avec de la pierre de marcaffite ou de litarge, ou

quelle que ce ſoit autre matiére
métallique, il faut la fondre dans
ſon propre fourneau, qui eſt celui des métaux vils, lequel four
doit avoir un lict de poudre de
charbons, terre tamiſée & écailles de fer, & ſon mêlange doit
être d'eſcories de fer, parce que
le fer a une vertu admirable d'aſ-
ſembler le plomb, attendu qu'il y
a ordinairement autour du plomb
de la marcaſſite & de la pirite,
qui brûle & nuit au métal, il
faut l'épurer dans le fourneau,
& l'en dépouiller, qui d'abord
ſe congêle & fait comme une
croute blanche au-deſſus, & le
métal étant fondu, il faut l'afiner, & s'il contient d'argent, il
faut le tirer; & on laiſſe ordinairement dans le plomb ſur un
quintal deux gros d'argent, qui
ne peut point ſe ſéparer, & qui
eſt comme la mere de la veine,
& mine de plomb.

CHAPITRE XVII.

De la fonte de l'Etaing, apellé Plomb blanc, en particulier.

LA mine de l'étaing se fond dans son propre fourneau particulier, qui est plus étroit que le four des autres Métaux, parce que l'étaing demande moins de feu, mais il doit être plus haut, & au haut du fourneau doit y avoir une cloche de la grandeur des autres fourneaux, aux côtés doit avoir des trous, par où l'on puisse introduire du charbon & du métal ; le fond du fourneau ne doit point être couvert de poudre de charbon, & de terre ou d'autre chose, mais seulement il y aura une pierre sableuse, un peu penchée vers le fourneau en

dehors, ou le métal se purifie
& se recuit ; la pierre doit avoir
deux pieds d'épaisseur ou davantage, & deux & demi de largeur
au fond du fourneau, & deux de
longueur, il faut que la pierre
soit tendre ; le fourneau doit être
de huit ou neuf pieds de hauteur sur cette pierre, le souflet,
il ne faut point l'apuyer sur la
pierre de tuf, mais seulement sur
la muraille même du fourneau,
afin qu'il donne moins de vent
& qu'il soit penchant droit au
conduit du fourneau ; faut que
les tuyaux des souflets soient ouverts & grands, afin que le métal ne se brûle point ; le charbon
qui doit servir à cuire & fondre
le métal, doit auparavant être
lavé & netoyé de la pierre & de
la terre, afin qu'il ne brûle point
le canon du fourneau, il faut
jetter un panier de métal, & un

de charbon. Le petit fourneau
doit être haut de trois quarts d'aul-
ne, large d'un pied, long d'un
tiers, à côté du petit fourneau il
y aura une petite pile large d'un
pied, plate & unie avec du charbon en poudre, un peu penchan-
te, afin de pouvoir netoyer le
métal. Lorſque le métal commence à fluer dans le petit fourneau, faut y jetter deſſus du charbon pilé, afin d'en faire ſéparer
les eſcories, leque lcharbon on
le prendra dans la pile, & non
ſeulement ce charbon ſert pour
ſéparer les eſcories du métal,
mais défend l'étaing du feu, &
l'empêche de s'en aller en fumée.
Lorſque l'eſcorie eſt ôtée, il
faut bien couvrir le métal de
poudre de charbon, où il faut
l'ôter & le jetter ou faire paſſer
par le conduit dans une autre
petite pile ronde qui doit être

à

à côté du petit fourneau, où il
se congêle en plaques ; il faut
avoir soin de balayer les murailles hautes du fourneau, & sa
chape, parce que s'y attachera
beaucoup de métal que la fumée
enléve, c'est pourquoi il convient que le fourneau soit ouvert
d'un petit toit apuyé sur les deux
murailles qui s'éléveront du côté
des souflets, l'une oposée à l'autre, ayant au milieu sa cheminée avec les barres de fer à travers, afin que le métal s'y attache aussi.

Il faut remarquer que les pierres de la mine de l'étaing sont
de trois espéces ou formes, c'est-
à-dire, grosses ou petites &
moyennes, lesquelles si l'on veut
les fondre ensemble, les grosses
retarderont à se fondre, & en
attendant les petites ou se brûlent ou se réduisent en cendres,

ou la fumée les enléve, c'est pourquoi il faut les séparer avec soin,
& faut fondre les grosses à part,
les petites dans un fourneau plus
étroit, & les moyennes dans un
fourneau un peu plus grand, &
les menues dans un fourneau plus
ouvert.

Lorsqu'on fond les pierres les
plus menues, il faut soufler doucement & tirer le souflet lentement par intervales, lorsqu'on
fond les moyennes, il faut soufler un peu plus fort, & lorsqu'on
fond les plus grosses, faut soufler
encore plus fort & sans discon-
tinuer, mais pourtant on ne doit
pas soufler si fort comme quand
on fond de l'argent ou de l'or
ou autres Métaux.

Lorsqu'on veut fondre tout le
métal dans un seul fourneau, il
faut jetter premiérement tout le
menu, puis le moyen, & par

deſſus le gros, obſervant l'ordre
des ſouflets à châque ſorte lorſqu'elle fond, & faut ſe ſervir de
charbon menu, afin que le métal ne coule pas ſans être fondu,
mais ſi le métal n'étoit point de
la mine, mais des foſſes entraîné
par l'eau en Eté, il faut le fondre
dans un grand fourneau, & faut
ſoufler fortement ; ſi les eſcories
ſortent plutôt que le métal , &
tombent dans le petit fourneau
par le conduit, c'eſt une marque
que la mine eſt pauvre ; ſi le métal deſcend plutôt que les eſcories , la mine eſt riche ; il faut
netoyer les eſcories & les ſéparer,
les laver dans un baquet, faut les
piler pour lès fondre de rechef
avec de nouveau métal. L'étaing
faut le laiſſer courir dans la petite
pile ronde qui eſt en dehors, &
là il faut en ôter les eſcories s'il y
en a ; & on le laiſſe tomber dans

un autre petit fourneau qui doit être garni de charbons alumés afin qu'il ne se congêle, où l'on acheve de purifier le métal, & le netoyer des escories, & ouvrant un trou, ou le vuidant avec une cuilliére de fer ou d'autre métal sur des planches de cuivre, on le fait coaguler en verges traversées en maniére de gril, & parce que s'attache beaucoup de métal avec la calamine sur les murailles du fourneau & sur le toit, il faut bien netoyer le tout, & en ôter toutes les croutes qui s'y sont formées, il faut piler tout cela, le laver & le fondre avec les escories.

On fait ordinairement deux fourneaux assemblés & voutés, comme nous l'avons dit ci-dessus, où les fumées se ramassent, & restent attachées aux parois, & dans le fond de la voute avec

le métal, & ce double fourneau
a deux cheminées aux côtés, &
deux fenêtres qui doivent être
toûjours ouvertes.

Si l'étaing étant fondu & aigre,
de forte qu'en le frapant avec le
marteau fe caffe, il ne faut point
en faire des grils comme deffus,
mais il faut en faire des pains,
qu'il faut recuire, & purifier dans
un petit fourneau jufqu'à ce qu'il
devienne doux ; ce petit fourneau fe fait de pierres de tuf avec
le fond un peu panché, au bout
un autre petit fourneau ; fur le
fond du premier fourneau on met
un lit de bois fec, menu, & un
autre par deffus de gros bois,
puis un troifiéme lit de bois menu & fec, & fur ces trois lits
de bois on met fix quintaux de
pains d'étaing, & en donnant feu
le métal fe fond & coule dans le
petit fourneau qui eft au bas de

l'autre, & là l'étaing qui est salé s'en va au fond, le fin & bon nage au dessus ; le pur on le vuide ou on le tire avec une cuilliére de fer, & en forme de grils, comme dit est, de celui qui est sale & impur on en fait des pains ; on distingue facilement le pur d'avec l'impur, en ce que le pur est coulant, fort liquide & surnage à l'impur comme feroit l'huile à l'eau.

D'autres le font sans petit fourneau dans le même, en séparant les braises & les charbons, & là ils l'épurent, & fondent de rechef les escories dans le grand fourneau.

Les Portugais fondent une petite quantité d'étaing dans des petits fourneaux avec des soufflets ronds, en maniére de lanterne plians cirés, qui donnent peu de vent & lentement, avec les-

quels dans un jour un homme
fond un demi quintal d'étaing
tout au plus.

CHAPITRE XVIII.

De la fonte du Fer en particulier.

POur la fonte du fer on fait
un fourneau, au milieu duquel il y a un petit fourneau de
trois pieds & demi d'hauteur,
de long & de large cinq pieds,
& si l'on vouloit fondre une
quantité de métal plus grande
on le feroit plus grand à proportion; dans ce fourneau, il faut y
mettre un lit de charbon, &
un lit du minéral mêlé avec de
la chaux vive jusqu'à ce que le
petit fourneau soit plein, puis on
y met le feu, & on fait aller les
souflets huit ou dix heures ou

davantage , & afin que le feu né vous endommage le visage , il faut le couvrir, laissant seulement deux trous par où vous puissiez voir ; il faut faire jouer le souflet par le moyen de l'eau , de sorte que quand on veut jetter du charbon ou du métal , ou ôter les escories , on puisse arrêter la roue qui fait aller les souflets , comme on arrête celle qui fait aller la meule d'un moulin , le métal étant fondu , ouvrez un conduit du fourneau, par où vous puissiez tirer les escories,& laissez refroidir le fer , & le tirez étant mis en plaques & avec des marteaux faut le battre pour en faire détacher les escories , & l'ayant mis sur une enclume , avec de gros marteaux de fer fort pesans, qui seront émus par artifice d'eau, & avec des dents que doit avoir l'essieu de la roue, avec un marteau

teau il faut le battre & le couper
en quatre ou cinq morceaux,
qu'il faut chaufer, & avec les
mêmes maſſes de la roue en former des barres quarrées ; & faut
noter qu'à châque coup de marteau on doit jetter une cuillierée
d'eau dans le fer échaufé, la maſſe
qui eſt congêlée dans le four, &
ſur les murailles, & dans la ſole
jettée & fondue dans le catin ou
le receptacle, ſe fait un fer très-
dur qu'on apelle autrement acier.

Mais ſi la veine du fer eſt mêlée avec du cuivre, ou elle ſe
trouve ſi dure qu'elle a peine à ſe
fondre, il faut faire plus de diligence & travail, & un feu plus
grand, parce qu'il faut moudre
le métal, & en ſéparer les parties
qui n'ont point de métal ou qui
en ont très-peu, puis il faut bri-
ſer ſes parties que vous en avez
ſéparées, & les mettre au feu afin

qu'elles fe brûlent, & foient bien féches, puis on lave le tout pour en ôter les parties les plus me-nuës qui reftent qui font les plus légeres, & d'abord on fondra le métal dans un fourneau fembla-ble à celui de deffus, mais un peu plus grand & haut, afin qu'il contienne davantage de charbon & de métal. Le métal ne doit pas être plus gros que des noix tout au plus, & dans ce four-neau on le fondra une ou deux fois jufqu'à ce que le fer foit ré-duit en état de foufrir le mar-teau, & d'abord il faut le chau-fer dans une forge, & avec les grandes maffes de la rouë de l'eau on en formera des planches ou barres, avec le même foin & diligence que nous avons dit ci-deffus.

CHAPITRE XIX.

De l'Acier, & de la maniére de fondre le Fer pour le convertir en Acier.

IL y a une espéce de fer que les Grecs appellent *Estómoma,* dur & fort, lequel étant trempé, sert pour les pointes ou parties supérieures de tous les Instrumens de fer, comme marteaux, armes, ciseaux, coûteaux, &c. qui n'est pas proprement minéral, mais qui se fait par le propre fer bien purifié, netoyé & recuit.

La maniére dont on le fait est la suivante : On prend du fer fondu & bien purifié qu'on fait bien chaufer & travailler au marteau, qu'on peut couper en morceaux, on prend du marbre en poudre, & des scories de fer; on mêle le tout ensemble, ensuite on fait un grand creux ou fosse, suivant la quantité de fer, & on y jette une sorte de mélange faite d'une troisiéme partie de craye & deux parties de charbon en poudre pétris ensemble, autour on met un cercle de pierres de celles qui ne se fondent point au feu, & on remplit la fosse de charbons, on y met dessus le fer & le marbre & on donne feu violent de fonte, étant fondu & chaud, on y jette dedans un ou deux morceaux de fer d'un ou deux quintaux châcun, & on leur donne feu jusqu'à ce qu'ils se fondent totalement, & lorsque le Maître Ouvrier-Expert sera d'avis que le fer sera converti en acier, il tirera avec la pointe d'un fer ou d'une pincette un peu de ce métal, &

avec un marteau l'étendra , &
l'ayant chaufé l'éteindra dans
l'eau , & le battra de rechef avec
le marteau , & s'il se casse comme du verre , si dans l'endroit
où il est cassé le grain paroît
blanc très-menu & uni , alors il
est bien préparé ; s'il n'est pas tel,
il faut le remettre au feu , & y
jetter dessus de nouveau mêlange comme dessus, jusqu'à ce qu'il
soit bien assaisonné ; d'abord il
faut le tirer en morceau & en
former des verges , qu'il faut
éteindre toutes chaudes dans
l'eau froide.

Le meilleur fer de tous pour
faire de l'acier , est celui qui est
dur & dificile à fondre , & qui
ne peut soufrir le marteau , laquelle veine de fer est indom-
ptable, & on l'apelle veine d'a-
cier , quoique véritablement soit
fer , mais pourtant de mauvaise

nature sauvage, parce qu'il y a quelques mines de fer âpres & rudes & gluantes qu'il faut adoucir; auparavant de les fondre on doit prendre des précautions en féparant le métal, de le recuire & de le mettre dans un endroit où il foit expofé à la pluye & au Soleil, & voir s'il jette dehors quelque liqueur, bitume ou autre métal, s'il y en a fur fa fuperficie, il faut le recuire de rechef une ou deux fois avant que de le fondre, & de cette maniére il s'adoucit, & le fer qui ne peut point s'adoucir de cette maniére il eft bon pour acier. Parmi tous les fers celui de Breffe, de Valio-Manicha eft fi doux & tendre que fans fourneau il fe fond dans une forge, & rend cinquante-cinq pour cent de métal.

De tous les aciers celui de Flandres & Valcho-Manicho,

en Italie, est le meilleur, dans le Levant le Damasquin, le Chorman, l'Azimin, & sur tout l'A-giambo, que quelques-uns disent, qu'il n'est point engendré dans leur païs, mais qu'il est du nôtre, & eux lui donnent une trempe si fine par leur savoir & habilité qu'ils ont en cet Art.

CHAPITRE XX.

De la maniére qu'on doit fondre le vif-Argent & l'Antimoine.

LE vif-argent se trouve en deux façons dans des marais & des puits, rassemblé ou coulé des veines de la terre, & envélopé avec la terre & le minéral, si on le trouve distillé des veines de la terre, il se netoye facilement en le jettant dans le

vinaigre où il y a du fel , & le
mettant dans un linge blanc,
le faifant paffer à travers , ou le
faifant paffer par le chamois, &
l'exprimant fortement, la craffe
& terreftréïté demeure dans le
linge.

Mais fi le vif-argent fe trouve
envélopé dans le minéral parmi
la terre , il faut le cuire dans un
pot ou dans deux de diférente
maniére, fi vous le cuifez en deux
vous ferez ainfi : Que le pot qui
doit être rempli de métal , foit
fait en forme d'urinal qui aille en
diminuant de largeur jufqu'à la
bouche , les pots d'en bas doivent être ronds, enforte que l'un
entre dans l'autre : les pots d'en
bas , il faut les enterrer jufqu'au
col dans la cendre ou dans la
terre ou dans le fable étant vuides ; ceux d'en haut il faut les
remplir de métal, & faut boucher

deſſus d'avec ceux qui ſont en bas, puis on les couvre tout autour de terre mêlée avec de la cendre, & le tout étant froid, on en tire les pains d'antimoine & le vif-argent qu'on garde à part.

Il y a une autre maniére de fondre le mercure dans des cornues qu'on remplit de métal en poudre, & on les place ſur des fourneaux bien lutés y adaptant des grands récipiens, dont faut luter les jointures avec de bon lut, ou avec de la chaux, du ſang & de la farine avec des étoupes ou de la tondure, on leur donne bon feu, & le mercure coule en liqueur dans le récipient.

On fait le mercure encore de cette façon : Ils bâtiſſent un corps de maiſon, la moitié creux & l'autre moitié maſſif, & par deſſus ils font une chambre fermée ayant de petites fenêtres vitrées,

& en bas du corps dans la muraille massive ils font beaucoup
de trous en dehors , & fur ces
trous ils placent des pots pleins
de métal , & en ferment les portes ils donnent le feu aux fourneaux , qui font conftruits avec
des briques , de maniére que les
fumées ne fortent d'aucune part,
& montent droit à la chambre
d'en haut , dans laquelle ils ont
foin de mettre des branches ou
ramaux d'arbres frais & verds , &
le métal volatil qui monte avec
les vapeurs de la fumée s'attache
aux feuilles de ces rameaux attiré
par la fraîcheur , il fe congêle &
tombe dans la fole de la chambre qui eft creufée en divers endroits où il s'y raffemble , & **la**
fonte étant achevée , ils ouvrent
la porte & ramaffent le vif-argent
qui eft dans la fole , & en même
tems fecouent les branches ou
ramaux après avoir éteint le feu.

Il y a une autre maniére de fondre le vif-argent : On prend un grand pot, lequel on remplit de minéral broyé un lict, & on met par deſſus ce lict de minéral un lict de ſable ou de cendres de l'épaiſſeur de deux doigts qu'il faut bien preſſer, & on continue ainſi juſqu'à ce que le pot ſoit plein, étant plein il faut le poſer ſur un fourneau ou ſur un tré-pied, & le couvrir d'un autre pot de rencontre, & luter exac-tement les jointures, afin que rien ne reſpire, & que la vapeur ne puiſſe s'exhaler, lui donnant feu la vapeur monte, & paſſe à travers le ſable ou cendres, & ſe congêlant dans le pot d'en haut retombe ſur le ſable & cen-dres, & s'y envélope, & en la-vant le ſable le vif-argent en ſort net & coulant.

Il y a une autre maniére de fondre le vif-argent preſque ſemblable à celle-ci deſſus. On prend un vaſe étroit en bas & large à l'entrée, on le remplit de métal broyé, puis on y met par deſſus deux travers de doigts de ſable ou de cendres bien preſſées & foulées, on y met un couvercle qui ferme juſte & qui emboite bien le vaſe haut de deux pou-ces. Ce couvercle aura par de-dans un peu de litarge fondue, & avec icelle faut couvrir le va-ſe, le luter afin que rien ne reſ-pire & que la vapeur ne ſorte, l'ayant placé ſur un fourneau on donne feu au vaſe, & la vapeur monte par la cendre, & en tou-chant la litarge froide, il ſe con-gêle & tombe dans la cendre, on la lave avec de l'eau froide pour en ſéparer le mercure.

La première maniére de fon-dre eſt la plus commune, & la plus en uſage, parce qu'on en fond une grande quantité à peu

de frais, quoique toutes les autres maniéres foient utiles & profitables, qu'on ne doit point rejetter, parce que la veine n'eſt
pas toûjours ſi riche & ſi favo-
rable qu'elle excluë les derniéres
fontes.

CHAPITRE XXI.

De la maniére de fondre le Plomb
gris cendré.

LE plomb gris cendré qui eſt
ſans aucun mélange d'ar-
gent, ſe fond de diverſes maniéres, il y en a qui font des creux
en terre, & lui donnent une ſole
bien foulée de charbon en poudre arroſé, qu'ils eſſuyent avec
de la braiſe de charbons, puis
des autres la font avec des pierres bouchant les jointures avec
du charbon broyé & mêlé avec
de la terre en poudre ; dans ce

trou ils y jettent du bois fendu
de frêne ſec, mettant le métal
par deſſus, & y mettant le feu,
& étant fondu le laiſſent refroidir, puis l'ôtent & le fondent
dans un fourneau pour le netoyer des charbons & des cendres dont il eſt mêlé.

D'autres font le creux un peu
panché ayant un conduit par où
le métal étant fondu coule dans
une pile où il ſe coagule, ou bien
avec une cuilliére de fer le jettent tout fondu dans des moules
de fer lutés afin que le métal ne
s'y attache point.

D'autres font un canal ou pluſieurs de tuiles creuſées ou ar-
doiſes & autres pierres, & y
mettent dedans le métal, jettant
du bois par deſſus & lui donnant
feu, le plomb ſe fond, & par le
canal qui eſt penché en bas coule dans la pile, ou bien font le
canal d'un certain bois (qu'on
nomme

homme en Espagne *Piceaſtro*)
& le plomb fondu coulant par
ce canal teint le bois d'une belle
couleur qui ſe vend bien, comme auſſi les eſcories & les pierres
de la mine.

D'autres le fondent dans des
vaiſſeaux de fer en cette maniére : Ils dreſſent des piliers de briques éloignés l'un de l'autre à
la diſtance d'un pied & demi, &
y mettent dedans un liĉt de bois
ſec coupé menu , & d'autre par
deſſus en croix, puis un autre
comme le premier, & un quatriéme à travers continuant ainſi
juſqu'à ce que le vuide ſoit plein,
& donnant feu au bois, on poſe
les vaiſſeaux de fer deſſus la flamme pleins de métal en poudre,
leſquels vaiſſeaux de fer ils lu-
tent auparavant en dedans , &
le métal étant fondu on prend
le vaiſſeau qui le contient avec

des tenailles , & on vuide le métal tout fondu dans un autre vaiſſeau pour le faire coaguler, on remplit de rechef le premier vaiſſeau de métal & on continue à fondre & faire congêler juſqu'à ce qu'on ait achevé toute la matiére qu'on veut fondre.

D'autres lorſque la veine n'a point de calamine la fondent dans un fourneau comme une forge à fer dans lequel ils font un creux avec une ſole de poudre de terre & de charbon broyé bien foulée & preſſée, & la veine ſe fond à feu lent & doux de ſouflet, & ſi c'eſt une veine naturelle on la fond avec du charbon & du bois, ſi ce ſont des laveures du métal on les fond avec du charbon ſeul. Dans le foyer il y a un conduit par où le métal étant fondu coule dans un catin où il se coagule.

D'autres font dans un lieu élevé un foyer haut d'un pied, large de trois & long de quatre & demi, & on met autour quatre pieds de bois en travers, qu'on enduit de terre à creuset. Dans ce foyer ils mettent un lict de bois sec de chêne, & par dessus la veine ou soit mine pilée, puis un autre lict de bois, avec le soufflet alument le feu, & le plomb se fond, le bois étant consumé & réduit en cendre on l'ôte, & le plomb qui est fondu.

D'autres font une caisse longue de huit pieds, large de quatre, & haute de deux, qu'ils remplissent tout-à-fait de sable & de brique pilée, & ils font un foyer; cette caisse la posent sur une piéce de bois, qui est fichée fortement dans la terre, de sorte que la caisse peut tourner tout autour comme un pulpitre, & aller du côté du vent; ils mettent deſſus ladite caiſſe des barres de fer tout au long en forme de gril, & à travers de ces barres y en mettent d'autres; ce gril eſt haut de demi pied environ, ſur ces barres de fer ils mettent du bois, & pardeſſus le bois y mettent le métal pilé, puis mettent feu au bois, & le métal fondu tombe dans la caiſſe.

Cette maniére de fondre eſt très-profitable, parce qu'elle coûte moins, & on ne perd rien du métal, lequel ils ramaſſent avec un balai lorſqu'il eſt fondu, & ils le fondent de nouveau pour le purifier & en ſéparer toutes les impuretés.

Fin du Tome premier.

Figure I. Livre VIII. Chap. 8. pag. 278.
Figure VI. Livre VIII. Chap. VIII. pag. 291.
Figure VIII. Livre VIII. Chap. IX. pag. 288.
Figure II. Livre VIII. Chap. VIII. pag. 278.
Figure VII. Livre VIII. Chap. IX. pag. 286.
Fig. III. Livre VIII. Chap. VIII. pag. 280.
Alembic pour l'Esprit de Vin.
Fig. IX. Liv. VIII. Chap. IX. p. 291.
Figure IV. Livre VIII. Chap. VIII. pag. 281.
Vaisseau de la figure Seconde.
Figure X. Livre VIII. Chap. IX. pag. 292.
Figure V. Livre VIII. Chap. VIII. pag. 281.
Fig. XII. Livre VIII. Chap. X. pag. 294.
Figure XI. Livre VIII. Chap. X. pag. 293.

APPROBATION.

J'Ai lû par Ordre de Monseigneur le Chancelier un Manuscrit qui a pour titre : *Traité Singulier de Métallique , &c. traduit de l'Espagnol de Perez de Vargas.* Je n'y ai rien trouvé qui me paroisse en devoir empêcher l'impression. A Paris ce dix-neuf Mai mil sept cens quarante.

Signé, VATRY.

PRIVILEGE DU ROY.

LOUIS, PAR LA GRACE DE DIEU, ROI DE FRANCE ET DE NAVARRE : A nos amez & feaux Conseillers les Gens tenans nos Cours de Parlement, Maîtres des Requêtes ordinaires de notre Hôtel, Grand-Conseil, Prévôt de Paris, Baillifs, Sénéchaux, leurs Lieutenans Civils & autres nos Justiciers qu'il appartiendra ; SALUT. Notre bien amé PIERRE PRAULT, Imprimeur-Libraire à Paris, nous a fait exposer qu'il désireroit imprimer & donner au Public les Ouvrages intitulés : *Secrets Utiles dans la Pratique de la Médecine & de la Chirurgie , avec un Appendix contenant d'autres Secrets approuvés contre les Maladies des Chevaux : Traité Singulier de Métallique, traduit de l'Espagnol de Perez Vargas : Nouveau Tarif pour la réduction du Bois quarré,* s'il nous plaisoit de lui accorder nos Lettres de Privilége sur ce nécessaires ; A CES CAUSES voulant favora-

blement traiter l'Expofant , Nous lui avons
permis & permettons par ces Préfentes d'imprimer ou faire imprimer lefdits Ouvrages,
en un ou plufieurs volumes & autant de fois
que bon lui femblera, & de les vendre, faire
vendre & débiter par tout notre Royaume
pendant le tems de douze années confécu-
tives, à compter du jour de la datte defdites
Préfentes ; faifons défenfes à tous Libraires,
Imprimeurs & autres perfonnes de quelque
qualité & condition qu'elles foient d'en introduire d'impreffion étrangere dans aucun
lieu de notre obéiffance, d'imprimer, faire
imprimer, vendre, faire vendre ni contre-
faire lefdits Ouvrages, ni n'en faire aucun
Extrait fous quelque prétexte que ce foit,
d'augmentation , correction , changemens
ou autres fans la permiffion expreffe & par
écrit dudit Expofant ou de ceux qui auront
droit de lui , à peine de confifcation des
Exemplaires contrefaits & de trois mille livres d'amende contre chacun des Contreve-
nans, dont un tiers à Nous, un tiers à l'Hô-
tel-Dieu de Paris & l'autre tiers audit Expofant, & de tous dépens, dommages & intérêts ; à la charge que ces Préfentes feront
enregiftrées tout au long fur le Regiftre de
la Communauté des Libraires & Imprimeurs
de Paris dans trois·mois de la datte d'icelles,
que l'impreffion defdits Ouvrages fera faite
dans notre Royaume & non ailleurs en bon
papier & beaux, caracteres conformément à
la feuille imprimée & attachée pour modéle
fous le contre-fcel defdites Préfentes; que
l'Impétrant fe conformera en tout aux Ré-

glemens de la Librairie, & notamment à
celui du 10 Avril 1725. qu'avant que de les
expofer en vente les Manufcrits ou imprimés
qui auront fervi de Copie à l'impreffion defdits Ouvrages feront remis dans le même
état où l'Approbation y aura été donnée ès
mains de notre très-cher & féal Chevalier le
Sieur D A G U E S S E A U, Chancelier de
France, Commandeur de nos Ordres, &
qu'il en fera enfuite remis deux Exemplaires
dans notre Bibliotheque publique, un dans
celle de notre Château du Louvre & un dans
celle de notredit très-cher & féal Chevalier
le Sieur D A G U E S S E A U, Chancelier de
France, Commandeur de nos Ordres, le
tout à peine de nullité des Préfentes ; du
contenu defquelles vous mandons & enjoi-
gnons de faire jouir ledit Expofant & fes
ayans caufe pleinement & paifiblement fans
fouffrir qu'il leur foit fait aucun trouble ou
empêchement. Voulons que la Copie defdites Préfentes qui fera imprimée tout au
long au commencement ou à la fin defdits
Ouvrages, foit tenue pour dûement fignifiée,
& qu'aux Copies collationnées par l'un de
nos amez & feaux Confeillers & Secretaires
foi foit ajoûtée comme à l'Original: Com-
mandons au premier notre Huiffier ou Ser-
gent fur ce requis de faire pour l'exécution
d'icelles tous Actes requis & néceffaires fans
demander autre permiffion, & nonobftant
clameur de Haro, Charte Normande & Lettres à ce contraires ; CAR tel eft notre plaifir.
D O N N E' à Verfailles le vingt-quatriéme
jour du mois d'Août l'an de grace mil fept

cens quarante-deux , & de notre Regne le
vingt-feptiéme. Par le Roi en fon Confeil.
Signé, SAINSON.

*Regiftré fur le Regiftre XI. de la Chambre
Royale des Libraires & Imprimeurs de Paris,
N°. 67. fol. 55. conformément aux anciens Ré-
glemens confirmés par celui du 28 Février 1723.
A Paris le 6 Septembre 1742.*
Signé, SAUGRAIN, Syndic

www.ingramcontent.com/pod-product-compliance
Lightning Source LLC
LaVergne TN
LVHW020558180726
843502LV00002B/288